工业机器人现场编程（ABB）

主　编　权　宁　周天沛
副主编　徐昆鹏　詹国兵　孟　维
　　　　纪海宾　查剑林
主　审　朱　涛

北京理工大学出版社
BEIJING INSTITUTE OF TECHNOLOGY PRESS

内 容 提 要

本书共分为6个项目，以 ABB 工业机器人为例，主要介绍了机器人基础知识、ABB 工业机器人基本操作、搬运工作站编程与操作、码垛工作站编程与操作、焊接工作站编程与操作、视觉检测工作站编程与操作等内容。

通过项目式教学，将工业机器人工作原理与实际工作任务有机结合，以"项目引领、任务驱动、行动导向"为主线，根据典型工作站任务复杂程度，按照"循序渐进、由浅入深"原则设置章节单元，引领技术知识、实验实训。教学过程中嵌入思政教育、职业素养、岗位核心能力知识，改变以往过于注重理论知识、忽略实际操作等现状问题，编写出针对性强、操作性好、简单易懂的教材，以加强课程内容与学生职业需求的联系，关注与培养学生的学习兴趣和经验，为学生提供完成相关典型工作任务过程中所需相关知识学习，体现了课程结构的综合性与均衡性，注重培养学生的职业技能与职业素养。

本书适合作为高等职业院校工业机器人技术、机电一体化技术、机械制造及自动化以及装备制造大类相关专业的教材，也可作为工程技术人员的参考资料和培训用书。

图书在版编目（CIP）数据

工业机器人现场编程：ABB／权宁，周天沛主编
. －－ 北京：北京理工大学出版社，2023.1
ISBN 978-7-5763-2080-0

Ⅰ.①工… Ⅱ.①权… ②周… Ⅲ.①工业机器人-
程序设计-高等职业教育-教材　Ⅳ.①TP242.2

中国国家版本馆 CIP 数据核字（2023）第 011155 号

出版发行／北京理工大学出版社有限责任公司
社　　址／北京市海淀区中关村南大街5号
邮　　编／100081
电　　话／（010）68914775（总编室）
　　　　　（010）82562903（教材售后服务热线）
　　　　　（010）68944723（其他图书服务热线）
网　　址／http：//www.bitpress.com.cn
经　　销／全国各地新华书店
印　　刷／河北盛世彩捷印刷有限公司
开　　本／787 毫米×1092 毫米　1/16
印　　张／22.5　　　　　　　　　　　　　　　　　　责任编辑／王玲玲
字　　数／515 千字　　　　　　　　　　　　　　　　文案编辑／王玲玲
版　　次／2023 年 1 月第 1 版　2023 年 1 月第 1 次印刷　责任校对／刘亚男
定　　价／95.00 元　　　　　　　　　　　　　　　　责任印制／施胜娟

前言

一、起因

随着德国"工业4.0"概念的提出，以"智能工厂、智慧制造"为主导的第四次工业革命已经悄然来临。在国际制造业面临转型升级、国内经济发展进入新常态的背景下，国务院于2015年5月发布了《中国制造2025》，工业机器人作为《中国制造2025》的第二个重点领域，在未来将扮演重要角色。

工业机器人产业链的不断发展，企业对掌握工业机器人编程与应用的人才需要越来越紧迫。2020年，中国工业机器人产量突破20万台，达到23.71万台，年增长19.1%。2021年，中国工业机器人产量突破33万台，年增长率为49.0%。2021年12月，工业和信息化部发布了机器人产业发展"十四五"规划，提出重点推进工业机器人等产品的开发应用，提高性能、质量和安全性，推动智能高端产品开发。根据机器人产业发展"十四五"规划，到2025年，机器人产业收入年均增长率将超过20%，制造业机器人密度将增加100%，即超过450台/万人。

二、结构

本书共分为工业机器人基础、ABB工业机器人基本操作、搬运工作站编程与操作、码垛工作站编程与操作、焊接工作站编程与操作、视觉检测工作站编程与操作等六个章节。以"项目引领、任务驱动、行动导向"为主线，根据典型工作站任务复杂程度，按照"循序渐进、由浅入深"原则设置章节单元，引领技术知识、实验实训。教学过程中融入思政元素、职业素养、岗位核心能力知识，改变以往过于注重理论知识、忽略实际操作等现状问题，编写了针对性强、操作性好、简单易懂的教材，以加强课程内容与学生职业需求的联系，关注与培养学生的学习兴趣和经验，为学生提供完成相关典型工作任务过程中所需相关知识学习，体现了课程结构的综合性与均衡性，注重培养学生的职业技能与职业素养。本书以ABB工业机器人现场编程与调试为主，便于教师与学生开展自主学习，掌握、构建、和深化知识与技能，强化学生自主学习。

三、特色

本书以典型工业机器人的结构和应用为突破口，系统介绍了工业机器人现场编程的相关知识，将重点知识点和技能点融入典型工作站项目实施过程中，满足了"项目引导、产教融合"的教学需求。

1. 课程思政，育人为本。每个任务设置了励志微语录，将奋斗精神、进取精神、工匠精神等有机融合到教材中，加强社会主义核心价值观教育。

2. 产教融合，项目引领。采用"项目引领、任务驱动、行动导向"的方式，按照"由浅入深"原则设置一系列学习单元，依托装备制造产业，在项目中融入企业真实案例作为训练样本，以学生解决问题为导入点，宜于课堂教学中学生自主探索知识，搜集专业信息，强化实践技能训练。

3. 书证融通，对接标准。融入"1+X"工业机器人集成应用职业技能等级证书标准，其技能点与项目内容进行匹配，对项目内容重新整合、补充，有机融入典型工作站维护、工作站编程与调试、典型传感器调试、视觉检测系统编程等相关知识点。

4. 资源丰富，形式新颖。任务嵌入二维码，可扫码查阅相关经典案例解决方法及相关知识点，配套智慧职教MOOC在线课程，既支持学生自主学习，也支持学生线上与线下结合学习。引入"引导文教学法"，每个项目包含若干任务，重点以项目任务工作页的形式引导学生在完成任务的同时，理解、消化任务知识点。

四、致谢

本书由徐州工业职业技术学院的权宁、周天沛任主编，徐工集团的全国技术能手、大国工匠孟维参与编写。周天沛编写项目一，徐昆鹏编写项目二，权宁编写项目三与项目四，孟维和詹国兵编写项目五，纪海宾和查剑林编写项目六。教材统稿由权宁完成，朱涛任主审。

在本书的编写过程中，北京华航唯实机器人科技股份有限公司的禹用发以及其他行业企业专家给予了许多宝贵的建议和意见，在此一并致谢。

在本教材的编写过程中，作者参考了国内外一些资料，限于篇幅，主要参考文献只列出其中一部分。在此，谨向原作者及编者表示衷心感谢！

由于作者水平有限，难免出现错误和不妥之处，敬请同行及读者不吝批评指正。

编　者

目 录

项目一　工业机器人基础 ……………………………………………… （1）

 任务一　机器人基本知识 …………………………………………… （3）

 任务二　机器人结构与编程 ………………………………………… （8）

 任务三　机器人传感技术 …………………………………………… （11）

项目二　ABB 工业机器人基本操作 ……………………………… （25）

 任务一　工业机器人认知 …………………………………………… （27）

 任务二　示教器基本设置 …………………………………………… （38）

 任务三　手动运动功能 ……………………………………………… （46）

 任务四　坐标系的设置 ……………………………………………… （55）

 任务五　工业机器人管理与维护 …………………………………… （64）

项目三　搬运工作站编程与操作 ………………………………… （77）

 任务一　I/O 板与信号配置 ………………………………………… （80）

 任务二　RAPID 程序架构 …………………………………………… （101）

 任务三　RAPID 程序数据 …………………………………………… （108）

 任务四　运动指令与轨迹偏移 ……………………………………… （117）

 任务五　搬运工作站示教编程 ……………………………………… （131）

项目四　码垛工作站编程与操作 ………………………………… （143）

 任务一　IF 语句与功能性指令 ……………………………………… （146）

 任务二　Function 函数与中断停止 ………………………………… （155）

 任务三　FOR 语句与单排码垛 ……………………………………… （169）

任务四　WHILE 语句与立体码垛 ·················· （175）

任务五　数组功能认知 ·················· （178）

任务六　数组码垛示教编程 ·················· （182）

项目五　焊接工作站编程与操作 ·················· （185）

任务一　焊接工作站认知 ·················· （186）

任务二　焊接工作站参数配置 ·················· （192）

任务三　焊接工作站示教编程 ·················· （195）

项目六　视觉检测工作站编程与操作 ·················· （205）

任务一　视觉检测工作站认知 ·················· （207）

任务二　视觉系统软件配置 ·················· （214）

任务三　视觉检测实例应用 ·················· （224）

《工业机器人现场编程（ABB）》任务工作页

项目一　工业机器人基础 ·················· （239）

任务一　机器人基本知识 ·················· （239）

任务二　机器人结构与编程 ·················· （243）

任务三　机器人传感技术 ·················· （247）

项目二　ABB 工业机器人基本操作 ·················· （251）

任务一　工业机器人认知 ·················· （251）

任务二　示教器基本设置 ·················· （256）

任务三　手动运动功能 ·················· （260）

任务四　坐标系的设置 ·················· （264）

任务五　工业机器人管理与维护 ·················· （268）

项目三　搬运工作站编程与操作 ·················· （273）

任务一　I/O 板与信号配置 ·················· （273）

任务二　RAPID 程序架构 ·················· （278）

任务三　RAPID 程序数据 ·················· （282）

任务四　运动指令与轨迹偏移 ·················· （286）

任务五　搬运工作站示教编程 ·················· （291）

项目四　码垛工作站编程与操作 ……………………………………………（295）

　　任务一　IF 语句与功能性指令 …………………………………………（295）

　　任务二　Function 函数与中断停止 ……………………………………（300）

　　任务三　FOR 语句与单排码垛 …………………………………………（305）

　　任务四　WHILE 语句与立体码垛 ………………………………………（311）

　　任务五　数组功能认知 …………………………………………………（316）

　　任务六　数组码垛示教编程 ……………………………………………（320）

项目五　焊接工作站编程与操作 ……………………………………………（325）

　　任务一　焊接工作站认知 ………………………………………………（325）

　　任务二　焊接工作站参数配置 …………………………………………（329）

　　任务三　焊接工作站示教编程 …………………………………………（333）

项目六　视觉检测工作站编程与操作 ………………………………………（339）

　　任务一　视觉检测工作站认知 …………………………………………（339）

　　任务二　视觉系统软件配置 ……………………………………………（343）

　　任务三　视觉检测实例应用 ……………………………………………（347）

参考文献 ……………………………………………………………………（351）

项目一

工业机器人基础

项目目标

了解机器人的起源、发展历史，掌握机器人的定义、分类、用途以及发展趋势；

掌握机器人的结构组成与工作原理，区分识别机器人的性能指标；

掌握机器人常用传感器的分类、常用内部传感器和外部传感器的工作原理，能初步使用各种传感器。

X 证书考点

1. 能根据工业机器人的技术参数选择合适的工装夹具种类；

2. 能根据常见品牌的视觉、力、光电等传感器特点，结合不同应用需求，进行方案适配；

3. 能完成非接触式位置传感器感应距离的调整；

4. 能完成接触式位置传感器触发距离的调整；

5. 能查找传感器、电动机、继电器等设备故障并维修。

 知识图谱

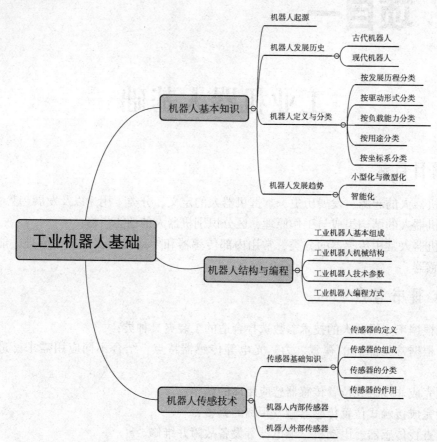

工业机器人基础

- 机器人基本知识
  - 机器人起源
  - 机器人发展历史
    - 古代机器人
    - 现代机器人
  - 机器人定义与分类
    - 按发展历程分类
    - 按驱动形式分类
    - 按负载能力分类
    - 按用途分类
    - 按坐标系分类
  - 机器人发展趋势
    - 小型化与微型化
    - 智能化
- 机器人结构与编程
  - 工业机器人基本组成
  - 工业机器人机械结构
  - 工业机器人技术参数
  - 工业机器人编程方式
- 机器人传感技术
  - 传感器基础知识
    - 传感器的定义
    - 传感器的组成
    - 传感器的分类
    - 传感器的作用
  - 机器人内部传感器
  - 机器人外部传感器

任务一　机器人基本知识

 【励志微语】

自信是成功的第一诀窍。

【学习目标】

能够了解机器人的起源、发展历史；掌握机器人的定义、分类及其发展趋势。

【任务描述】

在学习工业机器人之前，要求学习者去网上搜集工业机器人相关基础知识资料。通过机器人的起源、发展历史以及应用领域认识机器人，让学习者对机器人产生兴趣。

 【任务知识库】

一、机器人起源

机器人的英文名词是 Robot，Robot 一词最早出现在 1920 年捷克作家卡雷尔－卡佩克（Karel Capek）所写的一个剧本中，这个剧本的名字为 *Rossum's Universal Robots*，中文意思是"罗萨姆的万能机器人"。剧中的人造劳动者取名为 Robota，捷克语的意思是"苦力"或"奴隶"。英语的 Robot 一词就是由此而来的，以后世界各国都用 Robot 作为机器人的代名词。

二、机器人发展历史

1. 古代机器人

古代机器人是现代机器人的雏形，人类对机器人的幻想与追求已有 3 000 多年的历史。西周时期，我国的能工巧匠偃师研制出的歌舞艺人，是我国最早记载的机器人。春秋后期，据《墨子·鲁问》记载，鲁班曾制造过一只木鸟，能在空中飞行"三日不下"。公元前 2 世纪，古希腊人发明了最原始的机器人——太罗斯，它是以水、空气和蒸汽压力为动力的会动的青铜雕像，它可以自己开门，还可以借助蒸汽唱歌。1 800 年前的汉代，大科学家张衡不仅发明了地动仪，而且发明了计里鼓车，计里鼓车每行一里，车上木人击鼓一下，每行十里击钟一下。后汉三国时期，蜀国丞相诸葛亮成功地创造出了"木牛流马"，并用其在崎岖山路中运送军粮，支援前方战争。

1662 年，日本的竹田近江利用钟表技术发明了自动机器玩偶，并在大阪的道顿堀演出。1738 年，法国天才技师杰克·戴·瓦克逊发明了一只机器鸭，它会嘎嘎叫，会游泳和喝水，还会进食和排泄。1773 年，著名的瑞士钟表匠杰克·道罗斯和他的儿子利·路易·道罗斯制造出自动书写玩偶、自动演奏玩偶等，他们创造的自动玩偶是利用齿轮和发条原理而制成的，它们有的拿着画笔和颜色绘画，有的拿着鹅毛蘸墨水写字，结构巧妙，服装华丽，在欧洲风靡一时。1927 年，美国西屋公司工程师温兹利制造了第一个机器人"电报箱"，并在纽约举行的世界博览会上展出，它是一个电动机器人，装有无线电发报机，可以回答一些问题，但该机器人不能走动。

2. 现代机器人

第二次世界大战期间（1938—1945 年），由于核工业和军事工业的发展，德国最先研制了"遥控操纵器"，主要用于放射性材料的生产和处理过程。1947 年，德国对这种较简单的机械装置进行了改进，采用电动伺服方式，使其从动部分能跟随主动部分运动，称为"主从机械手"。1949—1953 年，美国麻省理工学院开始研制数控铣床，随着先进飞机制造的需要，美国麻省理工学院辐射实验室（MIT Radiation Laboratory）开始研制数控铣床。1953 年，美国麻省理工学院研制成功能按照模型轨迹做切削动作的多轴数控铣床。1954 年，美国人 George C. Devol 设计制作了世界上第一台机器人实验装置，并发表了题为"适用于重复作业的通用性工业机器人"的文章，它是一种"可编程""示教再现"机器人。

20 世纪 60 年代，机器人产品正式问世，机器人技术开始形成。1960 年，美国"联合控制公司"根据 Devol 的专利技术，研制出第一台真正意义上的工业机器人，并成立了 Unimation 公司，开始定型生产名为 Unimate 的工业机器人。两年后，美国"机床与铸造公司"（AMF）也生产了另一种可编程工业机器人 Versatran。20 世纪 70 年代，机器人产业得到蓬勃发展，机器人技术发展成为专门学科，称为机器人学（Robotics）。机器人的应用领域进一步扩大，不同的应用场所，导致了各种坐标系统、各种结构的机器人相继出现，大规模集成电路和计算机技术飞跃发展使机器人的控制性能大大提高，成本不断下降。80 年代开始进入智能机器人研究阶段，不同结构、不同控制方法和不同用途的工业机器人在工业发达国家真正进入了实用化的普及阶段。随着传感技术和智能技术的发展，开始进入智能机器人研究阶段。机器人视觉、触觉、力觉、接近觉等项研究和应用，大大提高了机器人的适应能力，扩大了机器人的应用范围，促进了机器人的智能化进程。

三、机器人定义与分类

美国国家标准局（NBS）的定义："机器人是一种能够进行编程并在自动控制下执行某些操作和移动作业任务的机械装置。"美国机器人协会（RIA）的机器人定义："机器人是用于搬运材料、零件、工具的可编程序的多功能操作器或是通过可改变程序动作来完成各种作业的特殊机械装置。"日本工业机器人协会（JIRA）的定义："工业机器人是一种装备有记忆装置和末端执行器（End effector）的，能够转动并通过自动完成各种移动来代替人类劳动的通用机器。"

国际标准化组织（ISO）的定义："机器人是一种自动的、位置可控的、具有编程能力的多功能机械手，这种机械手具有几个轴，能够借助于可编程序操作来处理各种材料、零件、工具和专用装置，以执行种种任务。"

机器人的一般定义是自动执行工作的机器装置。它既可以接受人类指挥，又可以运行预先编排的程序，也可以根据人工智能技术制定的原则纲领行动。它的任务是协助或取代人类工作的工作，例如制造业、建筑业，或是危险的工作。

一般认为机器人应具有的共同点为：①机器人的动作机构具有类似于人或其他生物的某些器官的功能。②是一种自动机械装置，可以在无人参与下（独立性），自动完成多种操作或动作功能，即具有通用性。可以再编程，程序流程可变，即具有柔性（适应性）。③具有不同程度的智能性，如记忆、感知、推理、决策、学习。

机器人的种类很多，可以按发展历程、驱动形式、负载能力、用途、坐标系等观点分类。

1. 按发展历程分类

按照从低级到高级的发展程度，可分为三类机器人。

（1）第一代机器人（First Generation Robots）。即可编程、示教再现工业机器人，已进入商品化、实用化。

（2）第二代机器人（Second Generation Robots）。装备有一定的传感装置，能获取作业环境、操作对象的简单信息，通过计算机处理、分析，能做出简单的推理，对动作进行反馈的机器人，通常称为低级智能机器人。由于信息处理系统的庞大与昂贵，第二代机器人目前只有少数可投入应用。

（3）第三代机器人（Third Generation Robots）。具有高度适应性的自治机器人。它具有多种感知功能，可进行复杂的逻辑思维、判断决策，在作业环境中独立行动。第三代机器人又称作高级智能机器人，它与第五代计算机关系密切，目前还处于研究阶段。

2. 按驱动形式分类

（1）气压驱动。即利用气压传动装置与技术实现机器人驱动。

（2）液压驱动。即利用液压传动装置与技术实现机器人驱动。

（3）电驱动。即利用电传动装置与技术实现机器人驱动。目前，电驱动是机器人的主流形式，又分为直流伺服驱动和交流伺服驱动等。

3. 按负载能力分类

（1）超大型机器人。负载能力为 1 000 kg 以上。

（2）大型机器人。负载能力为 100~1 000 kg。

（3）中型机器人。负载能力为 10~100 kg。

（4）小型机器人。负载能力为 0.1~10 kg。

（5）超小型机器人。负载能力为 0.1 kg 以下。

4. 按用途分类

（1）工业机器人。工业场合应用的机器人，如弧焊机器人、点焊机器人、搬运机器人、装配机器人、喷涂机器人、雕刻机器人、打磨机器人等。

（2）特种机器人。特殊场合应用的机器人，如空间机器人、水下机器人、军用机器人、服务机器人、医疗机器人、排险救灾机器人和教学机器人等。

工业机器人和特种机器人的主要用途如图 1-1 和图 1-2 所示。

焊接　　　　　铆接　　　　　分拣

装配　　　　　喷漆　　　　　搬运

机床上下料　　　铸造　　　　　去毛刺

图 1-1　工业机器人主要用途

Spirit火星漫游车　　　"双鹰"水下机器人　　　"徘徊者"侦察机器人

美国"别动队"无人机　　　导盲机器人　　　医疗机器人

足球机器人　　　AIBO机器狗　　　管内机器人

消防机器人　　室外保安机器人　　德国排爆机器人　　防爆机器人

图 1-2　特种机器人的主要用途

5. 按坐标系分类

一般可以分为四类，如图 1-3 所示。

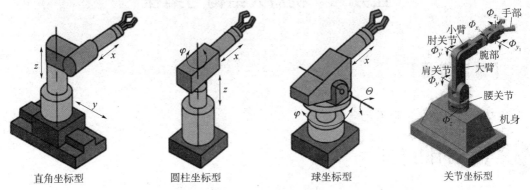

直角坐标型   圆柱坐标型   球坐标型   关节坐标型

图 1-3　按坐标系分类

（1）直角坐标型。只具有移动关节。

（2）圆柱坐标型。具有一个转动关节，其余为移动关节的机器人。

（3）球坐标型。具有两个转动关节，其余为移动关节的机器人。

（4）关节型。具有三个转动关节的机器人。

四、机器人发展趋势

1. 小型化与微型化

目前，微型机器人大多还处于实验室或原型开发阶段，但可以预见，将来微型机器人将广泛出现。

由德国工程师莱纳尔·格茨恩发明的微型机器人，可直接由针头注射进入人体血管、尿道、胆囊或肾脏。它依靠微型磁铁驱动器前进，由医生通过遥控器指挥，既可用于疾病诊断，也可用于如动脉硬化、胆结石等管腔阻塞类疾病治疗，还能听从医生指挥，将药物直接送达到需要医治的患病器官，以取得更好的治疗效果。当这种微型机器人工作完成后，医生便可以像抽血那样用针头将它抽出来。

未来，将会出现能进入工业上的小管道甚或裂缝，进行检测与维护的工业用微型机器人，以及各种微型传感器、微型机电产品，如掌上电视等。在军事上，将有小如昆虫的飞行器，用于侦察敌情；装有自动驾驶系统，能在海底航行数年的微型潜艇等。

2. 智能化

现在的智能机器人，它的智力最高也只相当于两三岁幼儿的智力水平。将来，高智能的机器人将越来越多，其智力水平也一定会不断提高，慢慢地达到七八岁、十几岁少年甚至青年人的智力水平。

20 世纪 90 年代后期，为促进智能机器人的发展，日本、韩国等国家相继发起并举行机器人足球世界杯赛，并成立了相应的协会。机器人足球赛涉及多机器人的动作协调、系统控制等前沿的课题，每一场机器人足球赛实际上都是世界各国机器人发展水平的一场较量。

任务二　机器人结构与编程

【励志微语】

成功是一个过程，而不是一个结果。

【学习目标】

能够掌握机器人的结构组成与工作原理、编程方式；能够识别工业机器人的性能指标。

【任务描述】

在掌握工业机器人基础知识之上，学习识别机器人的结构和编程方式。通过工业机器人机械结构、电气架构的认知和拆装，实现识别机器人机械组成、电气组成、性能参数及编程方式等。

【任务知识库】

一、工业机器人基本组成

工业机器人是机械、电子、控制、计算机、传感器、人工智能等多学科技术的有机结合。从控制观点来看，机器人系统可以分成四大部分：执行机构、驱动装置、控制系统、感知反馈系统，如图 1-4 所示。

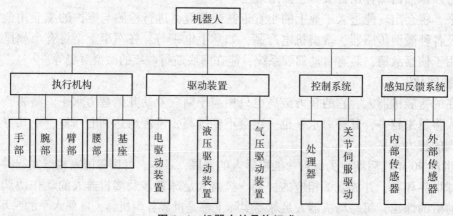

图 1-4　机器人的具体组成

1. 执行机构

包括手部、腕部、臂部、腰部和基座等。相当于人的肢体。

2. 驱动装置

包括驱动源、传动机构等。驱动源分为电驱动、液压驱动和气压驱动装置，其中电驱动装置是主流。驱动装置相当于人的肌肉、筋络。

3. 感知反馈系统

包括内部信息传感器，检测位置、速度等信息；外部信息传感器，检测机器人所处的环境信息。相当于人的感官和神经。

4. 控制系统

包括处理器及关节伺服控制器等，进行任务及信息处理，并给出控制信号。相当于人的大脑和小脑。

二、工业机器人机械结构

1. 机身部分

如同机床的床身结构一样，机器人机身构成机器人的基础支撑。有的机身底部安装有机器人行走机构；有的机身可以绕轴线回转，构成机器人的腰。

2. 手臂部分

分为大臂、小臂和手腕，完成各种动作。

3. 末端操作器

可以是拟人的手掌和手指，也可以是各种作业工具，如焊枪、喷漆枪等。

4. 关节

分为滑动关节和转动关节。实现机身、手臂各部分、末端操作器之间的相对运动。

三、工业机器人技术参数

1. 自由度数

衡量机器人适应性和灵活性的重要指标，一般等于机器人的关节数。机器人所需要的自由度数取决于其作业任务。

2. 负荷能力

机器人在满足其他性能要求的前提下，能够承载的负荷重量。

3. 工作空间

机器人在其工作区域内可以达到的所有点的集合。它是机器人关节长度和其构型的函数。

4. 精度

精度指机器人到达指定点的精确程度。它与机器人驱动器的分辨率及反馈装置有关。

5. 重复定位精度

重复定位精度指机器人重复到达同样位置的精确程度。它不仅与机器人驱动器的分辨率及反馈装置有关，还与传动机构的精度及机器人的动态性能有关。

6. 控制模式

引导或点到点示教模式；连续轨迹示教模式；软件编程模式；自主模式。

7. 最大工作速度

包括各关节的最大工作转速和机器人末端（工具坐标系原点 TCP）的最大线速度和最大转度。

四、工业机器人编程方式

工业机器人的原理就是模仿人的各种肢体动作、思维方式和控制决策能力。从控制的角度，机器人可以通过如下四种方式来达到这一目标。

1. "示教再现"方式

它通过"示教盒"或人"手把手"两种方式教机械手如何动作，控制器将示教过程记忆下来，然后机器人就按照记忆周而复始地重复示教动作，如喷涂机器人。

三示教-再现方式是一种基本的工作方式，分为示教—存储—再现三步进行。

（1）示教。方式有两种：直接示教——手把手；间接示教——示教盒控制。

（2）存储。保存示教信息，包括顺序信息、位置信息和时间信息。顺序信息：各种动作单元（包括机械手和外围设备）按动作先后顺序的设定、检测等。位置信息：作业之间各点的坐标值，包括手爪在该点上的姿态，通常总称为位姿（POSE）。时间信息：各顺序动作所需时间，即机器人完成各个动作的速度。

（3）再现。根据需要，读出存储的示教信息，向机器人发出重复动作的命令。

2. "可编程控制"方式

工作人员事先根据机器人的工作任务和运动轨迹编制控制程序，然后将控制程序输入给机器人的控制器，启动控制程序，机器人就按照程序所规定的动作一步一步地去完成，如果任务变更，只要修改或重新编写控制程序，非常灵活方便。大多数工业机器人都是按照前两种方式工作的。

3. "遥控"方式

由人用有线或无线遥控器控制机器人在人难以到达或危险的场所完成某项任务。如防暴排险机器人、军用机器人、在有核辐射和化学污染环境工作的机器人等。

4. "自主控制"方式

"自主控制"方式是机器人控制中最高级、最复杂的控制方式，它要求机器人在复杂的非结构化环境中具有识别环境和自主决策能力，也就是要具有人的某些智能行为。

工业机器人控制的目的是使被控对象产生控制者所期望的行为方式，如图 1-5 所示，研究人员搭建被控对象模型，实现输出跟随输入的变化。

图 1-5　机器人的控制原理

任务三 机器人传感技术

 【励志微语】

如果今天不走，那么明天就要跑。

 【学习目标】

能够了解传感器的定义与组成；掌握工业机器人常用传感器的分类、内部传感器和外部传感器的工作原理，能初步使用各种传感器。

【任务描述】

现有一套机器人集成电气模拟设备，需要万用表实现传感器信号的采集。将万用表接入机器人的内部或外部传感器，操作机器人集成设备使之动作，使传感器的信号发生变化，通过万用表读出传感器的信号。

【任务知识库】

经历了40多年的发展，机器人技术逐步形成了一门新的综合性学科，它包括基础研究和应用研究两个方面。传感器及其数据处理技术是智能工业机器人的重要组成部分。

一、传感器基础知识

1. 传感器的定义

最广义地来说，传感器是一种能把物理量或化学量转变成便于利用的电信号的器件。国际电工委员会的定义为："传感器是测量系统中的一种前置部件，它将输入变量转换成可供测量的信号。"传感器是传感器系统的一个组成部分，它是被测量信号输入的第一道关口。

2. 传感器的组成

传感器由敏感元件和转换元件组成，如图1-6所示。

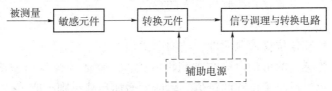

图1-6 传感器的组成

（1）敏感元件：指传感器中能直接感受或响应被测量的部分。

（2）转换元件：指传感器中能将敏感元件感受或响应的被测量转换成适于传输或测量的电信号部分。

（3）信号调理与转换电路：对信号进行放大、运算调制等。此外，信号调理转换电路以及传感器的工作必须有辅助电源。

3. 传感器的分类

机器人传感器按用途可分为内部传感器和外部传感器。

内部传感器装在机器人上，包括微动开关、位移、速度、加速度等传感器，是为了检测机器人内部状态，在伺服控制系统中作为反馈信号。

外部传感器，如视觉、触觉、力觉、接近觉等传感器，是为了检测作业对象及环境与机器人的联系。

工业机器人传感器的要求：

（1）精度高、重复性好。

（2）稳定性和可靠性好。

（3）抗干扰能力强。

（4）质量小、体积小、安装方便。

4. 传感器的作用

传感器对于机器人就好比人的四肢和外部的各种结构，如果没有传感器，机器人就像人没有任何感觉一样，不知道自己周围的情况，也就无法完成各种简单的动作，各种复杂的动作就更不可想象。传感器为机器人提供了检查自身周边环境的功能，如现代机器人包含了各种各样的传感器，能检查各种环境的变化，这样才能保证机器人能够完成复杂的任务，在命令的控制下灵活运作。传感器在机器人系统中具有不可替代的作用，没有传感器的支持就无从谈起机器人，因此，传感器是机器人必不可少的重要部件，离开传感器，机器人寸步难行。

为了检测作业对象及环境或机器人与它们的关系，在机器人上安装了触觉传感器、视觉传感器、力觉传感器、接近觉传感器、超声波传感器和听觉传感器，大大改善了机器人工作状况，使其能够更充分地完成复杂的工作。由于外部传感器是集多种学科于一身的产品，有些方面还在探索之中，随着外部传感器的进一步完善，机器人的功能越来越强大，将在许多领域为人类做出更大贡献。

二、机器人内部传感器

内部传感器是以机器人本身的坐标轴来确定其位置的，安装在机器人自身中，用来感知机器人自己的状态，以调整和控制机器人的行动。

1. 电位器

可作为直线位移和角位移检测元件，结构形式如图1-7所示。

电位器式位移传感器的可动电刷与被测物体相连。物体的位移引起电位器移动端的电阻变化。阻值的变化量反映了位移的量值，阻值的增加和减小则表明了位移的方向。

电位器式位移传感器位移和电压关系：

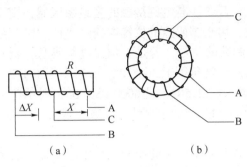

图 1-7　电位器

（a）直线电位器；（b）旋转电位器

$$X=\frac{L(2e-E)}{E}$$

式中，E 为输入电压；L 为触头最大移动距离；X 为向左端移动的距离；e 为电阻右侧的输出电压。

为了保证电位器的线性输出，应保证等效负载电阻远远大于电位器总电阻。电位器式传感器结构简单，性能稳定，使用方便，但分辨率不高，并且当电刷和电阻之间接触面磨损或有尘埃附着时，会产生噪声。

2. 编码器

编码器分为增量式编码器和绝对式编码器。增量式测量的特点是只测位移增量，移动部位每移动一个基本长度（或角度）单位，检测装置便发出一个测量信号，此信号通常是脉冲形式。绝对式测量的特点是，被测的任一点位置都从一个固定的零点算起，常以二进制数据形式来表示。

（1）绝对式编码器。是通过读取码盘上的编码来表示轴的绝对位置，没有累积误差，电源切除后，信息位置不丢失。从编码器使用的计数制分，有二进制码、格雷码、二-十进制码等。绝对式编码器按结构原理分，也有接触式、光电式和电磁式三类。

接触式绝对编码器如图 1-8 所示。

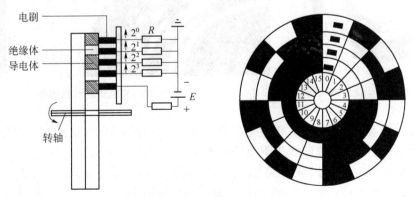

图 1-8　接触式绝对编码器

接触式绝对编码器工作原理：码盘随被测轴一起转动时，电刷和码盘的位置发生相对变化，若电刷接触的是导电区域，则经电刷、码盘、电阻和电源形成回路，该回路中的电阻上有电流流过，为"1"；反之，若电刷接触的是绝缘区域，则不能形成回路，电阻上无电流流过，为"0"。由此，可根据码盘的位置得到由"1""0"组成的4位二进制码。

码道的圈数就是二进制数的位数，若是 n 位二进制码盘，就有 n 圈码道，并且周围均分为 2^n 等份。二进制码盘的分辨角等于 $360°/2^n$，分辨率等于 $1/2^n$。

例如：$n=4$，则分辨角 $\alpha=22.50°$，设 0000 码为 0°，则 0101=5，相对 0000 有 5 个 α，表示码盘已转过了 $22.50°×5=112.50°$。显然，位数 n 越大，所能分辨的角度越小，测量精度就越高。

编码器生产厂家运用钟表齿轮机械的原理，当中心码盘旋转时，通过齿轮传动带动另一组码盘，用另一组码盘记录转动圈数（圈数可以随着增加或减小），从而扩大编码器的测量范围。

格雷码属于可靠性编码，是一种错误最小化的编码方式，因为自然二进制码可以直接由数/模转换器转换成模拟信号，但某些情况下，例如，从十进制的 3 转换成 4 时，二进制码的每一位都要变，使数字电路产生很大的尖峰电流脉冲。而格雷码则没有这一缺点，它是一种数字排序系统，其中的所有相邻整数在它们的数字表示中只有一个数字不同。它在任意两个相邻的数之间转换时，只有一个数位发生变化。它大大地减少了由一个状态到下一个状态时逻辑的混淆。图 1-9 所示是格雷编码的绝对编码器。

光电式绝对编码器如图 1-10 所示。光电式绝对编码器与接触式绝对编码器码盘结构相似，只是其中的黑白区域不表示导电区和绝缘区，而是表示透光区或不透光区。其中，黑的区域指不透光区，用"0"表示；白的区域指透光区，用"1"表示。如此，在任意角度都由"1""0"组成的二进制代码。另外，在每一码道上都有一组光电元件，这样，不论码盘转到哪一角度位置，与之对应的各光电元件接收到光的输出为"1"电平，没有接收到光的输出为"0"电平，由此组成 n 位二进制编码。

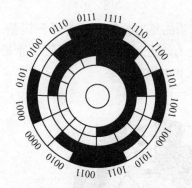

图 1-9　格雷编码绝对编码器

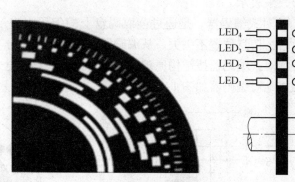

图 1-10　光电式绝对编码器

（2）光电式增量编码器。工作原理：当光电码盘随转轴一起转动时，在光源的照射下，透过光电码盘和光栏板狭缝形成忽明忽暗的光信号，光敏元件的排列与光栏板上的条纹相对应，光敏元件将此光信号转换成正弦波信号，再经过整形后变成脉冲，如图 1-11 所示。

光栏板 3 上有 A 组（A、/A）、B 组（B、/B）和 C 组（C、/C）三组狭缝。A 组、B 组相互错开 1/4 节距，所以射到光敏元件上的信号相位差为 90°，用于辨向。A、/A 和 B、/B 是差动信号，相位差为 180°，主要用于提高抗干扰能力。C 组狭缝与零标志槽配合，每转产生一个脉冲，称为零脉冲信号。

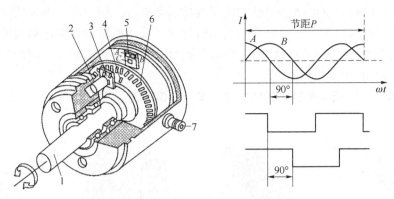

1—转轴；2—发光二极管；3—光栏板；4—零标志位光槽；5—光敏元件；6—码盘；7—电源及信号线连接座。

图 1-11 光电式增量编码器的结构

电编码器的测量精度取决于它所能分辨的最小角度，而这与码盘圆周上的狭缝条纹数 n 有关，即分辨角为 $360°/n$，分辨率 $=1/n$。

根据脉冲的数目可得出被测轴的角位移；根据脉冲的频率可得被测轴的转速；根据 A、B 两相的相位超前滞后关系可判断被测轴旋转方向。

3. 旋转变压器

旋转变压器是一种输出电压随转子转角变化的信号元件。当励磁绕组中通入交流电时，输出绕组的电压幅值与转子转角成正弦或余弦函数关系，或保持某一比例关系，或在一定转角范围内与转角成线性关系，如图 1-12 所示。它主要用于坐标变换、三角运算和数据传输，也可以作为两相移相用在角度-数字转换装置中。

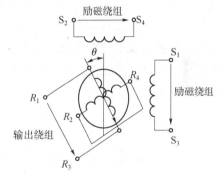

图 1-12 旋转变压器

旋转变压器可以单机运行，也可以像自整角机那样成对或三机组合使用。它是一种精密测位用的机电元件，在伺服系统、数据传输系统和随动系统中也得到了广泛的应用。

4. 加速度传感器

随着机器人的高速比、高精度化，机器人的振动问题提上日程。为了解决振动问题，有时在机器人的运动手臂等位置安装加速度传感器，测量振动加速度，并把它反馈到驱动器上。

根据牛顿第二定律：

$$a(加速度) = F(力)/m(质量)$$

只需测量作用力 F 就可以得到已知质量物体的加速度。利用电磁力平衡这个力，就可以得到作用力与电流（电压）的对应关系，通过这个简单的原理来设计加速度传感器。本质是通过作用力造成传感器内部敏感部件发生变形，通过测量其变形并用相关电路转化成电压输出，得到相应的加速度信号。

（1）压阻式加速度传感器。其是最早开发的硅微加速度传感器（基于 MEMS 硅微加工技术），如图 1-13 所示。

图 1-13　压阻式加速度传感器外观

压阻式加速度传感器的弹性元件一般采用硅梁外加质量块，并在硅梁上制作电阻，连接成测量电桥。在惯性力作用下，质量块上下运动，硅梁上电阻的阻值随应力的作用而发生变化，引起测量电桥输出电压变化，以此实现对加速度的测量，如图 1-14 所示。

其优点是体积小、频率范围宽、测量加速度的范围宽，直接输出电压信号，不需要复杂的电路接口，大批量生产时价格低廉，可重复生产性好，可直接测量连续的加速度和稳态加速度。缺点是对温度的漂移较大，对安装和其他应力也较敏感。

（2）压电式加速度传感器。其是基于压电晶体的压电效应工作的。某些晶体在一定方向上受力变形时，其内部会产生极化现象，同时，在它的两个表面上产生符号相反的电荷；当外力去除后，又重新恢复到不带电状态，这种现象称为"压电效应"。

具有"压电效应"的晶体称为压电晶体。常用的有石英、压电陶瓷等。其优点是频带宽、灵敏度高、信噪比高、结构简单、工作可靠和质量小等。缺点是某些压电材料需要防潮措施，而且输出的直流响应差，需要采用高输入阻抗电路或电荷放大器来克服这一缺陷。图 1-15 所示为实物图。

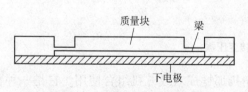

图 1-14　压阻式加速度传感器

图 1-15　压电式加速度传感器外观

（3）伺服加速度传感器。当被测振动物体通过加速度计壳体有加速度输入时，质量块偏离静平衡位置，位移传感器检测出位移信号，经伺服放大器放大后输出电流，该电流流过电磁线圈，从而在永久磁铁的磁场中产生电磁恢复力，迫使质量块回到原来的静平衡位置，即加速度计工作在闭环状态，传感器输出与加速度计成一定比例的模拟信号，它与加速度值成正比关系。

优点是测量精度和稳定性、低频响应等都得到提高。缺点是体积和质量比压电式加速度计大很多，价格高昂。图1-16所示为实物图和工作原理图。

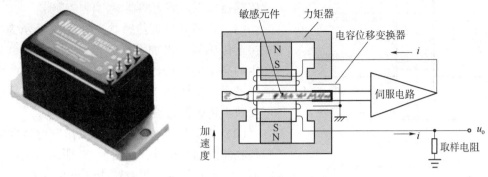

图1-16　伺服式加速度传感器外观与工作原理

三、机器人外部传感器

1. 接触觉传感器

机器人触觉传感器用来判断机器人是否接触物体的测量传感器。简单的接触觉传感器以阵列形式排列组合成传感器，它以特定次序向控制器发送接触和形状信息，如图1-17所示。

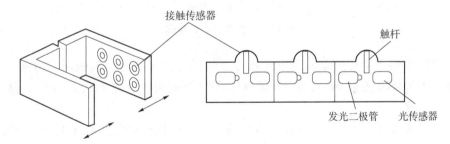

图1-17　简单接触觉传感器

接触觉传感器可以提供的物体的信息如图1-18所示。当传感器与物体接触时，依据物体的形状和尺寸，不同的接触觉传感器将以不同的次序对接触做出不同的反应。控制器就利用这些信息来确定物体的大小和形状。图中给出了三个简单的例子：接触立方体、圆柱体和不规则形状的物体。每个物体都会使接触觉传感器产生一组唯一的特征信号，由此可确定接触的物体。

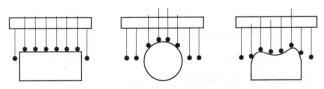

图1-18　接触觉传感器可提供的物体信息

接触觉传感器按照工作原理，可以分为电磁式接近传感器、光学接近传感器、感应式接近觉传感器、电容式接近觉传感器、涡流接近觉传感器、霍尔式传感器等六种传感器。

（1）电磁式接近传感器。图1-19所示为电磁式接近传感器。当加有高频信号 i_s 的励磁线圈 L 产生的高频电磁场作用于金属板，在其中产生涡流，该涡流反作用于线圈。通过检测线圈的输出可反映出传感器与被接近金属间的距离。

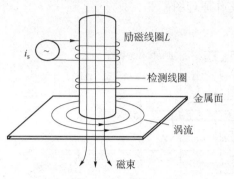

图1-19 电磁式接近传感器

（2）光学接近传感器。由用作发射器的光源和接收器两部分组成，如图1-20所示。光源可在内部，也可在外部，接收器能够感知光线的有无。发射器及接收器的配置准则是：发射器发出的光只有在物体接近时才能被接收器接收。除非能反射光的物体处在传感器作用范围内，否则接收器就接收不到光线，也就不能产生信号。

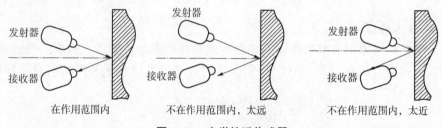

图1-20 光学接近传感器

（3）感应式接近觉传感器。感应式接近觉传感器用于检测金属表面，由磁芯和振荡器等组成。由于外部磁场响应，引起金属体产生涡电流，并导致阻抗变化，从而进行检测。

（4）电容式接近觉传感器。利用电容量的变化产生接近觉。其本身作为一个极板，被接近物作为另一个极板。将该电容接入电桥电路或 RC 振荡电路，利用电容极板距离的变化产生电容的变化，可检测出与被接近物的距离。电容式接近觉传感器具有对物体的颜色、构造和表面都不敏感且实时性好的优点。

（5）涡流接近觉传感器。涡流传感器具有两个线圈。第一个线圈产生作为参考用的变化磁通，在有导电材料接近时，其中将会感应出涡流，感应出的涡流又会产生与第一个线圈反向的磁通使总的磁通减少。总磁通的变化与导电材料的接近程度成正比，它可由第二组线圈检测出来。涡流传感器不仅能检测是否有导电材料，而且能够对材料的空隙、裂缝、厚度等进行非破坏性检测。

（6）霍尔式传感器。当磁性物件移近霍尔开关时，开关检测面上的霍尔元件因产生霍尔效应而使开关内部电路状态发生变化，由此识别附近有磁性物体存在，进而控制开关的通或断。这种接近开关的检测对象必须是磁性物体。

2. 力觉传感器

力觉是指对机器人的指、肢和关节等运动中所受力的感知，用于感知夹持物体的状态；

校正由于手臂变形引起的运动误差；保护机器人及零件不会损坏。它们对装配机器人具有重要意义。

（1）力-力矩觉传感器。主要用于测量机器人自身或与外界相互作用而产生的力或力矩的传感器。它通常装在机器人各关节处。

刚体在空间的运动可以用 6 个坐标来描述，例如用表示刚体质心位置的三个直角坐标和分别绕三个直角坐标轴旋转的角度坐标来描述。可用多种结构的弹性敏感元件来敏感机器人关节所受的 6 个自由度的力或力矩，再由粘贴其上的应变片将力或力矩的各个分量转换为相应的电信号。常用弹性敏感元件的形式有十字交叉式、三根竖立弹性梁式和八根弹性梁的横竖混合结构等。图 1-21 所示为竖梁式 6 自由度力传感器的原理。在每根梁的内侧粘贴张力测量应变片，外侧粘贴剪切力测量应变片，从而构成 6 个自由度的力和力矩分量输出。

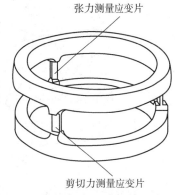

张力测量应变片

剪切力测量应变片

图 1-21　竖梁式 6 自由度力传感器原理图

（2）应变片。应变片也能用于测量力。应变片的输出是与其形变成正比的阻值，而形变本身又与施加的力成正比。于是，通过测量应变片的电阻，就可以确定施加力的大小。

应变片常用于测量末端执行器和机器人腕部的作用力。应变片也可用于测量机器人关节和连杆上的载荷，但不常用。图 1-22 所示是应变片的简单的原理图。电桥平衡时，A 点和 B 点电位相等。四个电阻只要有一个变化，两点间就会有电流通过。因此，必须首先调整电桥使电流计归零。假定 R_1 是应变片的电阻，在压力作用下，该阻值会发生变化，导致惠更斯电桥不平衡，并使 A 点和 B 点间有电流通过。仔细调整一个其他电阻的阻值，直到电流为零，应力片的阻值变化可由下式得到：

$$R_1/R_4 = R_2/R_3$$

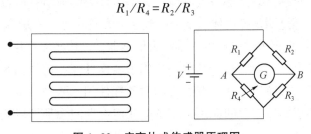

图 1-22　应变片式传感器原理图

（3）多维力传感器。多维力传感器指的是一种能够同时测量两个方向以上力及力矩分量的力传感器。在笛卡尔坐标系中，力和力矩可以各自分解为三个分量，因此，多维力最完整的形式是六维力/力矩传感器，即能够同时测量三个力分量和三个力矩分量的传感器，目前广泛使用的多维力传感器就是这种传感器。在某些场合，不需要测量完整的六个力和力矩分量，而只需要测量其中某几个分量，因此，就有了二、三、四、五维的多维力传感器，其中每一种传感器都可能包含有多种组合形式。

多维力传感器广泛应用于机器人手指、手爪研究；机器人外科手术研究；指力研究；牙齿研究；力反馈；刹车检测；精密装配、切削；复原研究；整形外科研究；产品测试；触觉反馈；示教学习。行业覆盖了机器人、汽车制造、自动化流水线装配、生物力学、航空航天、轻纺工业等领域。图1-23所示为六维力传感器结构图和测量电桥。

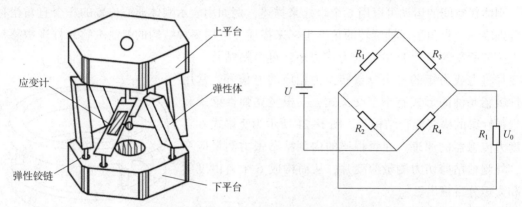

图1-23　六维力传感器结构图和测量电桥

应力的测量方式很多，这里采用电阻应变计的方式测量弹性体上应力的大小。理论研究表明，在弹性体上只受到轴向的拉压作用力，因此，只要在每个弹性体连杆上粘贴一片应变计，然后和其他三个固定电阻器正确连接，即可组成测量电桥，从而通过电桥的输出电压测量出每个弹性体上的应力大小。整个传感器力敏元件的弹性体连杆有6个，因此需要6个测量电桥分别对6个应变信号进行测量。传感器力敏元件的弹性体连杆机械应变一般都较小，为将这些微小的应变引起的应变计电阻值的微小变化测量出来，并有效提高电压灵敏度，测量电路采用直流电桥的工作方式。

（4）机器人腕力传感器。测量的是三个方向的力（力矩），所以一般均采用六维力-力矩传感器。由于腕力传感器既是测量的载体，又是传递力的环节，所以腕力传感器的结构一般为弹性结构梁，通过测量弹性体的变形得到3个方向的力（力矩）。

图1-24所示为斯坦福大学研制的六维腕力传感器。该传感器利用一段铝管加工成串联的弹性梁，在梁上粘贴一对应变片，其中一片用于温度补偿。筒体由8个弹性梁支撑。由于机器人各个杆件通过关节连接在一起，运动时各杆件相互联动，所以单个杆件的受力情况很复杂。但可以根据刚体力学的原理：刚体上任何一点的力都可以表示为笛卡尔坐标系三个坐标轴的分力和绕三个轴的分力矩，只要测出这三个分力和分力矩，就能计算出该点的合力。

图1-25所示日本大和制衡株式会社林纯一在JPL实验室研制的腕力传感器基础上提出的一种改进结构。它是一种整体轮辐式结构，传感器在十字架与轮缘连接处有一个柔性环节，因而简化了弹性体的受力模型（在受力分析时可简化为悬臂梁）。在四根交叉梁上总共贴有32个应变片（图中以小方块表示），组成8路全桥输出，六维力的获得须通过解耦计算。这一传感器一般将十字交叉主杆与手臂的连接件设计成弹性体变形限幅的形式，可有效起到过载保护作用，是一种较实用的结构。

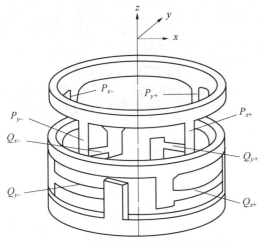

图 1-24 斯坦福大学六维腕力传感器

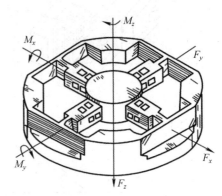

图 1-25 林纯一六维腕力传感器

3. 滑觉传感器

机器人在抓取不知属性的物体时，其自身应能确定最佳握紧力的给定值。当握紧力不够时，要检测被握紧物体的滑动，利用该检测信号，在不损害物体的前提下，考虑最可靠的夹持方法。实现此功能的传感器称为滑觉传感器。

（1）滚轮式传感器。物体在传感器表面上滑动时，和滚轮或环相接触，把滑动变成转动，如图 1-26（a）所示。

（2）磁力式滑觉传感器。滑动物体引起滚轮滚动，用磁铁和静止的磁头进行检测，这种传感器只能检测到一个方向的滑动，如图 1-26（b）所示。

（3）振动式滑觉传感器。表面伸出的触针能和物体接触，物体滚动时，触针与物体接触而产生振动，这个振动由压电传感器或磁场线圈结构的微小位移计检测，如图 1-26（c）所示。

（4）球式传感器。用球代替滚轮，可以检测各个方向的滑动，如图 1-26（d）所示。

4. 视觉传感器

视觉传感器是智能机器人最重要的传感器之一，相当于机器人的眼睛。机器人通过视觉传感器获取环境的二维图像或三维图像，并通过视觉处理器进行分析和解释，转换为符号，让机器人能够辨识物体，并确定其位置。如图 1-27 所示。

典型的视觉系统一般包括光源、光学系统、相机、图像处理单元（或图像采集卡）、图像分析处理软件、监视器、通信/输入输出单元等。

机器人视觉系统的主要作用：

（1）自动拾取：提高拾取精度，降低机械固定成本。

（2）传送跟踪：视觉跟踪传送带上移动的产品，进行精确定位及拾取。

（3）精确放置：精确放置到装配和加工位置。

（4）姿态调整：从拾取到放置过程中对产品姿态进行精确调整。

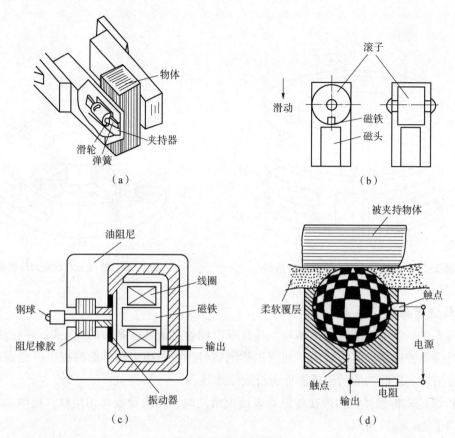

图 1-26　滑觉传感器

（a）滚轮式滑觉传感器；（b）磁力式滑觉传感器；（c）振动式滑觉传感器；（d）球式滑觉传感器

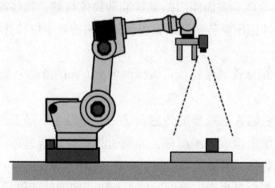

图 1-27　机器人视觉

视觉传感器的优点包括以下几点：

（1）精度高。视觉系统不需要接触，对目标部件没有损伤。随着视觉相机分辨率的大幅提升和先进算法的提出，其测量精度越来越高。

（2）连续性。视觉系统节省了人为测量，工作连续性和稳定性高。

（3）成本低。随着计算机处理器价格的急剧下降，机器视觉系统成本也变得越来越低。

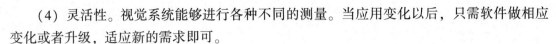

（4）灵活性。视觉系统能够进行各种不同的测量。当应用变化以后，只需软件做相应变化或者升级，适应新的需求即可。

机器视觉系统比传感器有更好的可适应性，它使机器人运动具有了多样性、灵活性和可重组性。当需要改变生产过程时，对机器视觉来说，"工具更换"仅仅是软件的变换而不是更换昂贵的硬件。当生产线重组后，视觉系统往往可以重复使用。

视觉系统的构成包括：

（1）图像采集。光学系统采集图像，图像转换成模拟格式并传入计算机存储器。

（2）图像处理。处理器运用不同的算法来提高对结论有重要影响的图像要素。

（3）特性提取。处理器识别并量化图像的关键特性，例如工件的坐标位置、轮廓、高度等信息提取与量化，然后将这些数据传送到控制器。

（4）判决和控制。处理器的控制程序根据收到的数据做出结论。

项目二

ABB 工业机器人基本操作

项目目标

了解工业机器人分类与用途，掌握 IRC5 Compact 控制器前面板按钮和开关布局，熟知工业机器人安全注意事项与操作规程；

掌握 ABB 机器人示教器的基本界面组成、示教器的基本设置；

理解 ABB 机器人运动功能，掌握机器人运动模式的切换与快捷操作，能够操作机器人；

了解 ABB 机器人的坐标系定义与分类，掌握工具与工件坐标系的创建原理与步骤；

掌握转数计数器更新、关节轴转动角度等参数设置，能够对 ABB 机器人进行基本参数设置。

X 证书考点

1. 能根据方案说明书编制工作站维护保养手册；
2. 能根据操作手册的要求，结合系统的运行状态，识别并清除报警信号；
3. 能根据操作手册的要求，进行工作站系统数据的定期备份；
4. 能在工作站发生异常的情况下进行紧急制动、复位等处理操作；
5. 能根据维护手册的要求，进行工作站程序备份恢复和工作位置误差消除；
6. 能结合报警代码，查找工业机器人系统电气故障并维修。

知识图谱

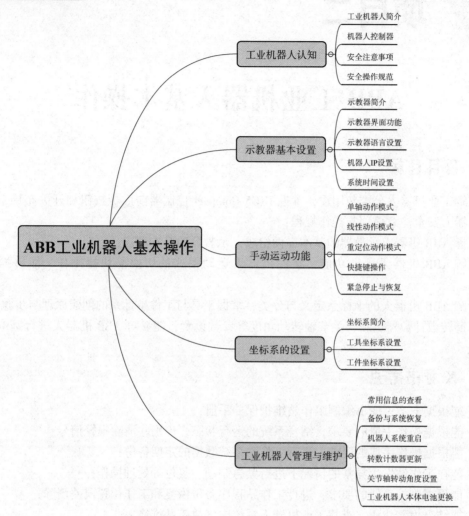

任务一　工业机器人认知

【励志微语】

努力向前走一步，离梦想就更近一步。

【学习目标】

了解 ABB 工业机器人发展历程，掌握其分类与用途；掌握 IRC5 Compact 控制器前面板按钮和开关布局，熟知工业机器人安全注意事项与操作规程。

【任务描述】

在认识 ABB 工业机器人之前，登录 ABB 工业机器人官方网站查阅 ABB 工业机器人的基础知识。研讨 ABB 工业机器人的发展历程、机器人分类与用途，识别 IRC5 Compact 控制器前面板按钮和开关布局。

【任务知识库】

一、工业机器人简介

ABB 公司是目前全球领先的工业机器人技术供应商，主要提供机器人产品、模块化制造单元及服务，在世界范围内安装了超过 30 万台机器人。它的全球业务总部设在中国上海，也是目前唯一在中国从事工业机器人研发和生产的国际企业，除中国外，它在瑞典、捷克、挪威、墨西哥、日本和美国等地也设有机器人研发和制造基地。

ABB 工业机器人迄今为止已经有近 50 年的发展历史，不断的技术积累，使其在竞争中始终保持领先地位，其与 FANUC、KUKA 以及 YASKAWA 机器人并称为工业机器人的"四大家族"。其发展历程及标志性事件见表 2-1。

表 2-1　ABB 工业机器人发展历程表

年份	标志性事件
1974 年	向瑞典南部一家小型机械工程公司交付全球首台微机控制电动工业机器人——IRB6，该机器人设计已于 1972 年获发明专利

年份	标志性事件
1975 年	售出首台弧焊机器人（IRB6）
1979 年	推出首台电动点焊机器人（IRB60）
1986 年	推出荷重为 10 kg 的 IRB2000 机器人，这是全球首台由交流电动机驱动的机器人，采用无间隙齿轮箱，工作范围大，精度高
1991 年	推出荷重为 200 kg 的 IRB6000 大功率机器人。该机器人采用模块化结构设计，是当时市场上速度最快、精度最高的点焊机器人
1998 年	推出 FlexPicker 机器人——世界上速度最快的拾放料机器人
2001 年	推出全球首台荷重高达 500 kg 的工业机器人 IRB7600
2002 年	在 EuroBLECH 展览会上推出 IRB6600 机器人，一种可向后弯曲的大功率机器人
2004 年	推出新型机器人控制器 IRC5。该控制器采用模块化结构设计，是一种全新的按照人机工程学原理设计的 Windows 界面装置，可通过 MultiMove 功能实现多机器人（最多 4 台）完全同步控制，从而为机器人控制器确立了新标准
2005 年	推出 55 种新产品和机器人功能，包括 4 种新型机器人：IRB660、IRB4450S、IRB1600 和 IRB260
2009 年	推出全球精度最高、速度最快六轴小型机器人 IRB120
2011 年	推出全球最快码垛机器人 IRB460
2015 年	推出全球首款人机协作机器人 YuMi
2017 年	推出新一代最紧凑、最轻量、最精确的小型机器人 IRB1100

ABB 工业机器人产品主要分为多关节型机器人、协作机器人、并联机器人和喷涂机器人四大种类，每种类型的机器人都有各自擅长的领域和功用，接下来本书将简要介绍几种常用的型号。

1. 多关节型机器人

多关节型机器人，也可以称作关节手臂机器人或关节机械手臂，是目前工业领域中最常见的工业机器人的形态之一，适合用于诸多工业领域的机械自动化作业。该型机器人有很高的自由度，5~6 轴，适用于几乎任何轨迹或角度的工作，可以代替人力完成有害身体健康的复杂工作，比如汽车外壳点焊、产品涂胶、货物搬运等，但该类型机器人初期投资的成本高，生产前准备工作量大，编程和计算机模拟过程的时间耗费长。ABB 旗下有多款多关节型机器人，可以满足工业上的各种应用要求。

（1）IRB120 六轴工业机器人，是 ABB 迄今最小的多用途机器人，重 25 kg，荷重 3 kg（垂直腕为 4 kg），工作范围达 580 mm，是具有低投资、高产出优势的经济可靠之选，如图 2-1 所示。已经获得了 IPA 机构 "ISO 5 级洁净室（100 级）" 的达标认证，能够在严苛的洁净室环境中充分发挥优势，其主要应用及具体的性能参数见表 2-2。

图 2-1　IRB120 机器人本体及其控制器实物图

表 2-2　IRB120 机器人性能参数列表

主要应用	性能指标	参数
装配 上下料 物料搬运 包装/涂胶	荷重/kg	3
	工作范围/m	0.58
	防护等级	标配：IP20。选配：IPA 认证洁净室 5 级
	安装方式	地面、壁挂、倒置、任意角度
	重复定位精度/mm	0.01

　　升级型号 IRB120T 在保持其传统的紧凑、灵活、轻量级功能的同时，实现了 4、5、6 三个轴最高速度的大幅增加，周期时间改善高达 25%，拥有极大的灵活性及业界领先的 10 μm 可重复性。

　　（2）IRB1200 小快灵、多用途的小型工业机器人，如图 2-2 所示。这款机器人在保持工作范围宽广这一优势的同时，一举满足了物料搬运和上下料行业对柔性、易用性、紧凑性和节拍的各项要求。有效负载分别为 5 kg 和 7 kg 的 IRB1200 两种型号广泛适用于各类作业。两种型号都可选配食品级润滑、Safe Move2、铸造专家 II 代和洁净室防护等级。这两种型号的工作范围分别为 700 mm 和 900 mm，最大有效负载分别为 7 kg 和 5 kg，其主要应用及具体的性能参数见表 2-3。

图 2-2　IRB1200 机器人实物图

表 2-3　IRB1200 机器人性能参数列表

主要应用	性能指标	参数	
上下料 物料搬运	荷重/kg	5	7
	工作范围/m	0.90	0.70
	防护等级	标配：IP40 选配：IP67，洁净室 ISO 4，食品级润滑	
	安装方式	任意角度	
	重复定位精度/mm	0.025	0.02

29

（3）IRB1410 机器人（图2-3）。主要应用于弧焊、装配、物料搬运、涂胶等方面，其性能卓越，经济效益高。其主要应用及具体的性能参数见表2-4。

图2-3　IRB1410 机器人实物图

表2-4　IRB1410 机器人性能参数列表

主要应用	性能指标	参数
弧焊 装配 物料搬运 涂胶	荷重/kg	5
	工作范围/m	1.44
	防护等级	—
	安装方式	落地
	重复定位精度/mm	0.02

2. 协作机器人（IRB14000）

协作机器人是设计和人类在共同工作空间中有近距离互动的机器人。到2010年为止，大部分的工业机器人是设计自动作业或是在有限的导引下作业，因此不用考虑和人类近距离互动，其动作也不用考虑对于周围人类的安全保护，而这些都是协作式机器人需要考虑的机能。作为全球最大的工业机器人制造商之一，ABB在2014年推出了首款协作机器人YuMi（IRB14000）（图2-4），目标市场为消费电子行业，并于2015年在德国汉诺威工业博览会上推向市场。

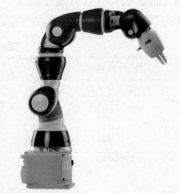

YuMi是英文"you"（你）和"me"（我）的组合，意味着你我携手共创自动化的未来。YuMi既能与人类并肩执行相同的作业任务，又可确保其周边区域安全。无论是手表、平板电脑还是其他各类产品，YuMi都能轻松处理，甚至连穿针引线也不在话下，YuMi彻底改变了人们对装配自动化的固有思维，它能在极狭小的空间内像人一样灵巧地执行小件装配所要求的动作，可最大限度节省厂房占用面

图2-4　协作机器人 YuMi 实物图

积，还能直接装入原本为人设计的操作工位。其主要应用及具体的性能参数见表 2-5。

表 2-5　YuMi（IRB14000）机器人性能参数列表

主要应用	性能指标	参数
小件搬运 小件装配	荷重/kg	0.5
	工作范围/m	0.5
	防护等级	标配：IP30
	安装方式	台面、工作台
	重复定位精度/mm	0.02
	功能性安全	PL b Cat B

3. 并联机器人

并联机器人是动平台和定平台通过至少两个独立的运动链相连接，机构具有两个或两个以上自由度，并且以并联方式驱动的一种闭环机构。它具有无累积误差、精度较高、速度高、动态响应好等特点，因此，在需要高刚度、高精度或者大载荷而无须很大工作空间的领域内得到了广泛应用。

ABB 推出的并联机器人 IRB360 FlexPicker（图 2-5）迄今为止已经发展了近 20 年，长时间的技术积累让 IRB360 FlexPicker 的拾料和包装技术一直处于领先地位。与传统刚性自动化技术相比，IRB360 具有灵活性高、占地面积小、精度高和负载大等优势。

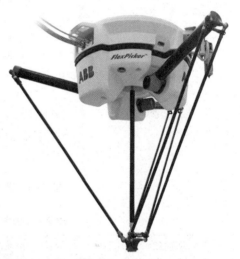

图 2-5　并联机器人 IRB360 FlexPicker 实物图

IRB360 系列现包括负载为 1 kg、3 kg、6 kg 和 8 kg 以及横向活动范围为 800 mm、1 130 mm 和 1 600 mm 等几个型号，几乎可满足任何需求。它的法兰工具经过重新设计，能够安装更大夹具，从而高速、高效地处理同步传动带上的流水线包装产品。其主要应用及具体的性能参数见表 2-6。

表 2-6　IRB360 机器人性能参数列表

主要应用	性能指标	参数		
装配 物料搬运 包装 拾料	荷重/kg	8	1	6
	工作范围/m	1.13	1.60	1.60
	防护等级	标配：IP54 选配：洁净室 ISO 5~7 级（适用 IRB360-1/1600）		
	重复定位精度/mm	0.10		

4. 喷涂机器人

喷涂机器人又叫喷漆机器人，是可进行自动喷漆或喷涂其他涂料的工业机器人。ABB机器人针对喷涂领域，研发了一系列的机器人，能够适用于各种场合，本小节着重介绍两款常用的喷涂机器人。

（1）IRB52 喷涂机器人（图 2-6）。IRB52 采用紧凑型设计，能够有效减小喷漆室尺寸和在降低通风需求的同时消耗更少能量，具有较高的经济效益。它具有很强的灵活性和通用性，可以进行高品质的喷涂作业。其主要应用及具体的性能参数见表 2-7。

图 2-6　喷涂机器人 IRB52 实物图

表 2-7　IRB52 机器人性能参数列表

主要应用	性能指标	参数
喷涂	荷重/kg	7
	工作范围/m	1.20~1.45
	防护等级	标配：IP67、防爆
	安装方式	落地，也可选择壁挂和倒置
	重复定位精度/mm	0.15

（2）IRB5500（FlexPainter）（图 2-7）。采用独有的设计与结构，工作范围大，动作灵活，令其他任何车身外表喷涂机器人望尘莫及，只需要两台 IRB5500（FlexPainter）机器人即可胜任通常需要四台机器人才能完成的喷涂任务。不仅可以降低初期投资和长期运营成本，还能缩短安装时间、延长正常运行时间、提高生产可靠性。

IRB5500（FlexPainter）机器人还专门配备了 ABB 高效的 FlexBell 弹匣式旋杯系统（CBS），换色过程中的涂料损耗接近于零，是小批量喷涂和多色喷涂的最佳解决方案。其主要应用及具体的性能参数见表 2-8。

图 2-7　喷涂机器人 IRB5500 实物图

表 2-8　IRB5500 机器人性能参数列表

主要应用	性能指标	参数
喷涂	荷重/kg	13
	工作范围/m	3
	防护等级	标配：IP67、防爆
	安装方式	1. 壁挂-轴 1 "水平" 2. 壁挂-轴 2 "垂直"
	重复定位精度/mm	0.15

二、机器人控制器

　　机器人控制器是工业机器人最为核心的零部件之一，对机器人的性能起着决定性的影响，在一定程度上影响着机器人的发展。机器人控制器是一种根据指令以及传感信息控制机器人完成一定的动作或作业任务的装置。ABB 工业机器人控制器拥有卓越的运动控制功能，可快速集成附加硬件，随着技术发展，目前主要使用的是第五代机器人控制器 IRC5（图 2-8），它融合了 TrueMove、QuickMove 等运动控制技术，大大提升了机器人性能，包括精度、速度、节拍时间、可编程性、外轴设备同步等能力，同时，还配备了触摸屏和操纵杆编程功能的 FlexPendant 示教器、灵活的 RAPID 编程语言及强大的通信能力。

　　IRC5 控制器主要包含两个模块：Control Module 和 Drive Module。两个模块通常合并在一个控制器机柜中。其中，Control Module 包含所有的电子控制装置，例如主机、I/O 电路板和闪存。Control Module 运行操作机器人（即 RobotWare 系统）所需的所有软件。Drive Module 包含为机器人电机供电的所有电源电子设备。IRC5 中的 Drive Module 最多可包含 9 个驱动单元，它能处理 6 根内轴及 2 根普通轴或附加轴，具体取决于机器人的型号。

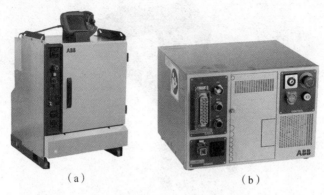

（a） （b）

图 2-8　ABB 第五代机器人控制器 IRC5 实物图

（a）标准版；（b）紧凑版

　　本书以 IRC5 Compact 控制器为例介绍控制器上的相关操作按钮及接口。该控制器是台式机器人控制器，主要设计用于 3C 市场等细分市场，防护等级为 IP20 级。其控制器前面板上主要布置了机器人主电源开关、模式切换开关、急停按钮、制动闸释放按钮等一系列的开关和按钮，具体布局如图 2-9 所示。

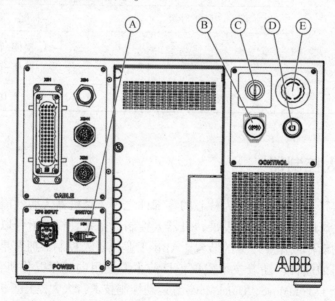

A—主电源开关；B—用于 IRB120 的制动闸释放按钮（位于盖子下），其他型号机器人自带制动闸释放按钮，
因此与其他机器人配套使用 IRC5 Compact 控制器时，此处装堵塞器；C—模式切换开关（自动模式和手动模式）；
D—电动机开启按钮；E—急停按钮。

图 2-9　IRC5 Compact 控制器前面板按钮和开关布局示意图

　　RC5 Compact 控制器前面板除了有一系列的开关和按钮外，还设有多个连接接口，图 2-10展示了该控制器的连接接口布局，通过专用电缆连接，可以建立机器人控制器与外部设备和机器人的连接。

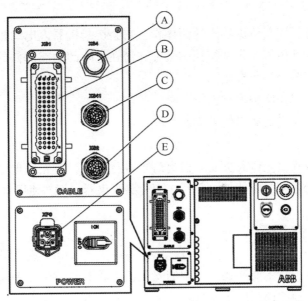

A—XS4-FlexPendant 连接口；B—XS1-机器人供电连接口；
C—XS41-附加轴 SMB 板连接口；D—XS2-机器人 SMB 板连接口；E—XP0-主电路连接口。

图 2-10　IRC5 Compact 控制器的连接接口布局示意图

三、安全注意事项

在开启机器人之前，务必仔细阅读机器人的使用说明，尤其注意安全章节里的内容，熟练掌握设备使用安全规范后才可开机使用。工业机器人在使用过程中需要注意以下几点安全注意事项。

1. 记得关闭总电源

安装、维修、保养机器人时，切记要关闭总电源，带电作业可能会产生致命性后果。如果不慎遭高压电击，可能会导致人员的心跳停止、烧伤或其他严重伤害，同时，设备也会因此损坏。

2. 保持足够安全距离

在调试与运行机器人时，它可能会执行一些意外的或不规范的运动，从而伤害到人或损坏机器人工作范围内的设备，所以需要时刻警惕并与机器人保持足够的安全距离，有条件的可以设置安全栅栏进行屏蔽。

3. 做好静电放电防护

静电放电是电势不同的两个物体间的静电传导，它可以通过直接接触传导，也可以通过感应电场传导。搬运部件或部件容器时，未接地的人员可能会传递大量的静电荷，这一放电过程可能会损坏敏感的电子设备，因此，在有此标识的情况下，一定要做好静电放电防护。

4. 紧急停止

紧急停止优先于任何其他机器人控制操作，它会切断机器人电动机的驱动电源，停止所有运转部件，并切断由机器人系统控制且存在潜在危险的功能部件的电源。出现下列情况时请立即按下任意紧急停止按钮：

机器人运行时，工作区域内有工作人员。

机器人伤害了工作人员或损伤了机器设备。

5. 灭火

发生火灾时，在确保全体人员安全撤离后再进行灭火，应先处理受伤人员。当电气设备（例如机器人或控制器）起火时，使用二氧化碳灭火器，切勿使用水或泡沫。

四、安全操作规范

机器人使用过程中，主要涉及工作中的安全、示教器的安全、手动模式下的安全和自动模式下的安全四方面的使用操作规范。

1. 工作中的安全

（1）如果在机器人工作空间内有工作人员，请手动操作机器人系统。

（2）当进入机器人工作空间时，请准备好示教器，以便随时控制机器人。

（3）注意旋转或运动的工具，例如切削工具和锯。确保在接近机器人之前，这些工具已经停止运动。

（4）注意工件和机器人系统的高温表面。机器人电动机长时间运转后会产生较高温度，避免接触烫伤。

（5）注意夹具并确保夹稳工件。如果夹具打开，工件会脱落并导致人员伤害或设备损坏。

（6）夹具夹取力量较大，如果不按照正确方法操作，也会导致人员伤害。机器人停机时，夹具上不应置物，必须空机。

（7）注意液压、气压系统以及带电部件。即使断电，这些电路上的残余电量也很危险。

2. 示教器的安全

（1）小心操作。不要摔打、抛掷或重击，这样会导致破损或故障。在不使用该设备时，将它挂到专门存放它的支架上，以防意外掉到地上。

（2）示教器的使用和存放应避免被人踩踏电缆。

（3）切勿使用锋利的物体（例如螺钉、刀具或笔尖）操作触摸屏。这样可能会使触摸屏受损。应用手指或触摸笔去操作示教器触摸屏。

（4）定期清洁触摸屏。灰尘和小颗粒可能会挡住屏幕造成故障。

（5）切勿使用溶剂、洗涤剂或擦洗海绵清洁示教器，使用软布蘸少量水或中性清洁剂清洁。

（6）没有连接 USB 设备时，务必盖上 USB 端口的保护盖。如果端口暴露到灰尘中，那么它会中断或发生故障。

3. 手动模式下的安全

（1）在手动减速模式下，机器人只能减速操作。只要在安全保护空间之内工作，就应始终以手动速度进行操作。

（2）手动全速模式下，机器人以程序预设速度移动。手动全速模式应仅用于所有人员都处于安全保护空间之外时，而且操作人必须经过特殊训练，熟知潜在的危险。

4. 自动模式下的安全

自动模式用于在生产中运行机器人程序。在自动模式操作情况下，常规模式停止（GS）机制、自动模式停止（AS）机制和上级停止（SS）机制都将处于活动状态。

任务二　示教器基本设置

【励志微语】

只要你保持微笑，生活就会向你微笑。

【学习目标】

掌握 ABB 机器人示教器的基本界面组成、示教器的基本设置。

示教器基础设置

【任务描述】

现有 ABB IRB120 型号工业机器人一套，根据知识库内容能识别示教器的界面组成与功能，完成示教器的语言与系统时间设置。

【任务知识库】

一、示教器简介

示教器是进行机器人手动操纵、程序编写、参数配置以及监控用的手持装置。ABB 机器人的示教器是一种叫作 FlexPendant 的手持式操作装置，如图 2-11 所示，它采用 ARM+WinCE 的方案，通过 TCP/IP 与主控制器 Main Controller 通信。

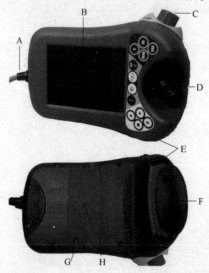

A—连接电缆；B—触摸屏；C—急停按钮；D—手动操作摇杆；E—USB 接口；
F—使能按钮；G—触摸屏用笔；H—FlexPendant 复位按钮。

图 2-11　FlexPendant 主要组成示意图

FlexPendant 主要由触摸屏、急停按钮、手动操作摇杆、使能按钮和触摸屏用笔等几部分组成，各部分作用具体见表 2-9。

表 2-9　FlexPendant 主要组成部分与功能

编号	名称	作用
A	连接电缆	连接 FlexPendant 与主控制器，负责两者之间的通信
B	触摸屏	触摸屏主要用于人机交互，可以显示机器人各类控制信息，操作员也可以通过触摸屏对机器人进行相应的操控
C	急停按钮	安全保护装置，用于紧急情况下停止机器人运动，一般情况下，为了安全，关机和停机检修都会按下此按钮
D	手动操作摇杆	手动操作情况下用于机器人运动控制。注意，手动操作摇杆除了上下左右运动，还可以旋转运动，具体机器人运动情况需要根据实际手动操作模式确定
E	USB 接口	连接 USB 存储器，可以用于读取或保存文件。注意，USB 存储器在 FlexPendant 浏览器中显示为驱动器 /USB：可移动的
F	使能按钮	使能按钮是为保证操作人员人身安全而设计的。当发生危险时，出于惊吓，人会本能地将使能按钮松开或按紧，因此使能器按钮设置为两挡。 在手动状态下轻松按下使能器按钮时为使能器第一挡位，机器人将处于电动机上电开启状态。只有在"电动机开启"的状态才能对机器人进行手动的操作和程序的调试。 用力按下使能器按钮时为使能器第二挡位，机器人处于电动机断电的防护状态，示教器界面显示"防护装置停止"，机器人会马上停止运行，保证了人身与设备的安全
G	触摸屏用笔	触摸屏用笔随 FlexPendant 提供，放在 FlexPendant 的后面。使用 FlexPendant 时，应当用触摸笔触摸屏幕，切记不要使用螺丝刀或者其他尖锐的物品，以免损坏屏幕
H	FlexPendant 复位按钮	复位按钮会重置 FlexPendant。注意，不是机器人控制器上的系统

FlexPendant 示教器正面还设有 12 个物理按钮，这些物理按钮可以让操作员在机器人操作过程中更加便捷，各按钮布局与作用如图 2-12 所示。注意，这些功能在示教器界面中也可以直接通过触摸屏进行修改控制。

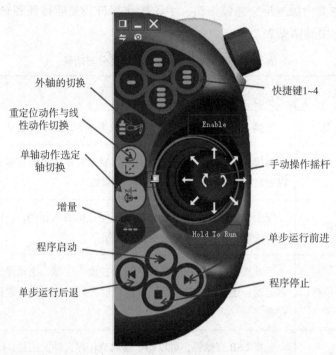

外轴的切换

重定位动作与线性动作切换

单轴动作选定轴切换

增量

程序启动

单步运行后退

快捷键1~4

Enable

手动操作摇杆

Hold To Run

单步运行前进

程序停止

图 2-12　FlexPendant 示教器物理按钮布局与功能

二、示教器界面功能

FlexPendant 示教器操作界面如图 2-13 所示，主要由 ABB 菜单、操作员窗口、状态栏和快速设置菜单等几部分组成。

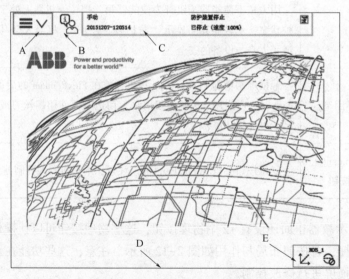

A—ABB 菜单；B—操作员窗口；C—状态栏；D—任务栏；E—快速设置菜单。

图 2-13　FlexPendant 操作界面截图

操作员通过操作界面可以快速地掌握机器人的状态，同时，也可以便捷地对机器人各种参数进行调节和控制。各组成部分具体功能见表 2-10。

表 2-10　示教器界面各组成部分功能列表

编号	名称	作用
A	ABB 菜单	可以从 ABB 菜单中选择图 2-12 中的项目
B	操作员窗口	操作员窗口显示来自机器人程序的消息。安装 Multitasking 后，所有任务信息均显示于同一 ABB 机器人操作员窗口。如果有消息要求执行动作，就会显示该任务的独立窗口
C	状态栏	状态栏显示与系统状态有关的重要信息，如操作模式、电动机开启/关闭、程序状态等
D	"关闭"按钮	单击"关闭"按钮将关闭当前打开的视图或应用程序
E	任务栏	通过 ABB 菜单，可以打开多个视图，但一次只能操作一个。任务栏显示所有打开的视图，并可用于视图切换
F	快速设置菜单	快速设置菜单包含对微动控制和程序执行进行的设置

单击操作界面左上角的 ABB 菜单栏可以进入菜单界面，具体界面如图 2-14 所示，通过该界面可以对机器人进行进一步的设置与编程调试等。

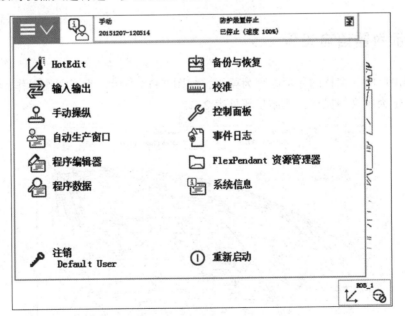

图 2-14　ABB 菜单界面

ABB 菜单界面一共包含"HotEdit""输入输出""手动操纵"等 12 项操作设置选项，同时还有"注销"和"重新启动"两个选项，具体菜单内容见表 2-11。

表 2-11　ABB 菜单内容简介表

序号	选项名称	说明
1	HotEdit	程序模块下轨迹点位置的补偿设置窗口
2	输入输出	设置及查看 I/O 视图窗口
3	手动操纵	动作模式设置、坐标系选择、操纵杆锁定及载荷属性的更改窗口，也可显示实际位置
4	自动生产窗口	在自动模式下，可直接调试程序并运行
5	程序编辑器	建立程序模块及例行程序的窗口
6	程序数据	选择编程时所需程序数据的窗口
7	备份与恢复	可备份和恢复系统
8	校准	进行转数计数器和电动机校准的窗口
9	控制面板	进行示教器的相关设定
10	事件日志	查看系统出现的各种提示信息
11	Flex Pendant 资源管理器	查看当前系统的系统文件
12	系统信息	查看控制器及当前系统的相关信息

三、示教器语言设置

示教器出厂时，默认的显示语言为英语，如图 2-15 所示。为了方便操作，下面介绍把显示语言设定为中文的操作，具体步骤见表 2-12。

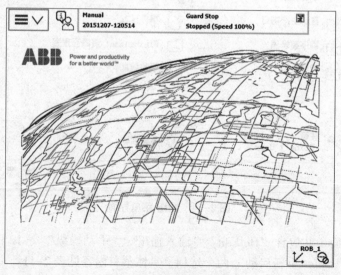

图 2-15　示教器初始界面

表 2-12　语言设置步骤

序号	描述	步骤
1	单击示教器左上角的 ABB 菜单按钮，然后选择"Control Panel"这一选项。	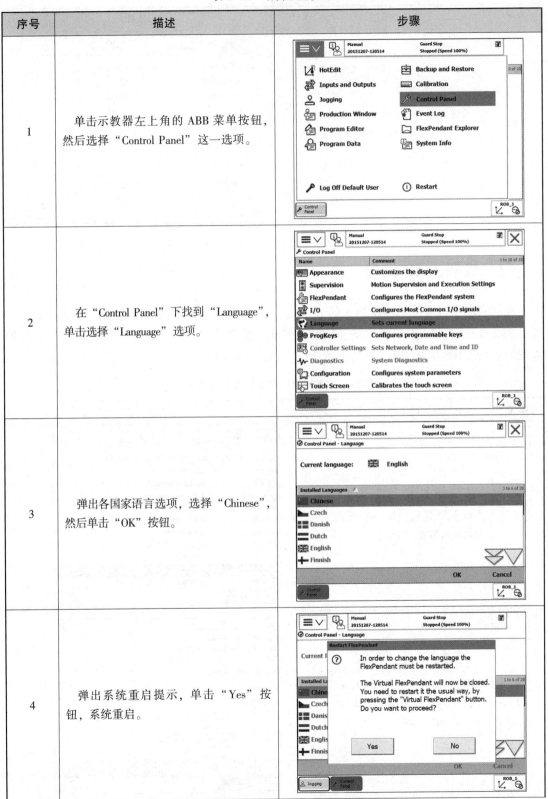
2	在"Control Panel"下找到"Language"，单击选择"Language"选项。	
3	弹出各国家语言选项，选择"Chinese"，然后单击"OK"按钮。	
4	弹出系统重启提示，单击"Yes"按钮，系统重启。	

序号	描述	步骤
5	系统重启后，再单击示教器左上角主菜单，就能看到菜单已切换成中文界面。	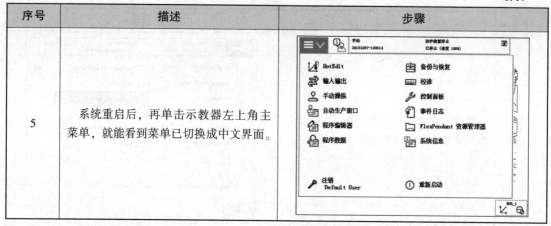

四、机器人 IP 设置

在示教器中查看并修改机器人的 IP 地址，为机器人与外围设备搭建通信准备，IP 设置详见表 2-13。机器人与其他设备通信时，其地址需要是同一网段的不同地址。例如，机器人地址：192.168.100.101，其他设备地址：192.168.100.100。

表 2-13　各增量的移动距离和角度大小

序号	描述	步骤
1	在机器人的"控制面板"中单击"配置"选项，进入参数配置界面。	
2	单击"主题"并选择"Communication"，在此界面中单击"IP Setting"选项。	

续表

序号	描述	步骤
3	进入"IP Setting"界面，单击"添加"按钮。	 控制面板 - 配置 - Communication - IP Setting 目前类型：　　　　IP Setting 新增或从列表中选择一个进行编辑或删除。 编辑　添加　删除　后退 1/3
4	双击 IP 值，输入 IP 地址"192.168.100.101"；更改网口为广域网"WAN"；将标签改为"CCD"。 注意：如果使用局域网"LAN"，则机器人与外部设备的连接是通过局域网口进行通信的。	 控制面板 - 配置 - Communication - IP Setting - 添加 新增时必须将所有必要输入项设置为一个值。 双击一个参数以修改。 参数名称　　　　值 IP　　　192.168.100.101 Subnet　255.255.255.0 Interface　WAN Label　CCD 确定　取消 1/3

五、系统时间设置

为了方便进行文件的管理和故障的查阅与管理，在进行各种操作之前，要将机器人系统的时间设定为本地时区的时间，具体步骤如下：

（1）单击示教器的左上角主菜单按钮。

（2）选择"控制面板"，在"控制面板"的选项中选择"控制器设置"。

（3）在"控制器设置"选项中可以修改网络、时间和日期以及 ID，选择时间和日期项进行相应的修改即可。

任务三　手动运动功能

【励志微语】

用理想去成就人生，不要蹉跎岁月。

基本运动功能

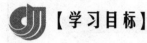

理解 ABB 机器人运动功能，掌握机器人运动模式的切换与快捷操作，能够操作机器人。

【任务描述】

工业机器人在示教作业时，通过选择合适的运动模式将机器人 TCP 点从空间中的 A 点移动到任务要求的 B 点。

【任务知识库】

本书以 ABB IRB120 型工业机器人为例，介绍机器人的基本结构。它的本体分为六个关节轴，机器人通过六个伺服电动机分别驱动六个关节轴，每个轴都可以单独运动，并且规定其正方向。各个关节轴的方向示意如图 2-16 所示。

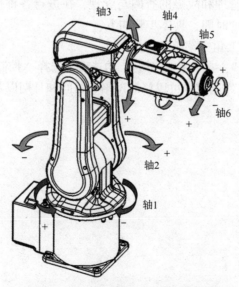

图 2-16　IRB120 各关节轴示意图

机器人在手动操作模式下移动时，有两种运动模式：默认模式和增量模式。

默认模式：手动操作操纵杆拨动幅度越大，机器人运动速度越快，反之亦然。最大速度的高低可以在示教器上调节。在默认模式下，如果对机器人位姿进行精确示教，往往因为速度过快而难以控制，效果不够理想，一般可将默认模式的速度降低。

增量模式：手动操作操纵杆，每偏转一次，机器人移动一步（一步即一个增量），如果操纵杆一直处于偏转状态，则机器人将持续移动，速率为每秒 10 步。该模式一般用于机器人位置的精确调整，其移动增量也有小、中、大之分，同时也可以用户自定义，具体如图 2-17 所示。

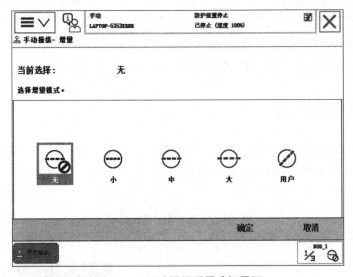

图 2-17　手动操纵增量选择界面

每一种增量对应的移动参数也不一样，主要涉及单位增量移动距离和角度值，具体的参数见表 2-14。

表 2-14　各增量的移动距离和角度大小

序号	增量类型	涉及参数		
		增量	**值**	
1	小	轴	0.00573	(deg)
		线性	0.05	(mm)
		重定向	0.02865	(deg)
		增量	**值**	
2	中	轴	0.02292	(deg)
		线性	1	(mm)
		重定向	0.22918	(deg)

序号	增量类型	涉及参数		
3	大	增量	值	
		⅓ 轴	0.14324	(deg)
		线性	5	(mm)
		重定向	0.51566	(deg)
4	用户模式	自定义		

ABB 工业机器人手动操作一共有三种动作模式：单轴运动、线性运动和重定位运动，各种模式都有各自的特点，在使用过程中应当合理地选择动作模式。

一、单轴动作模式

单轴动作，顾名思义，每次手动操作只能控制一个关节轴的运动。单轴动作模式在进行粗略的定位和比较大幅度的移动时，相比其他的手动操作模式，会方便、快捷很多。具体步骤见表 2-15。

表 2-15 单轴动作模式步骤

序号	描述	步骤
1	将机器人控制柜上的机器人状态钥匙切换到中间的手动限速状态。	
2	在状态栏中，确认机器人的状态已经切换为手动，机器人当前为手动状态。	

续表

序号	描述	步骤
3	单击示教器左上角的 ABB 菜单，选择"手动操纵"选项。	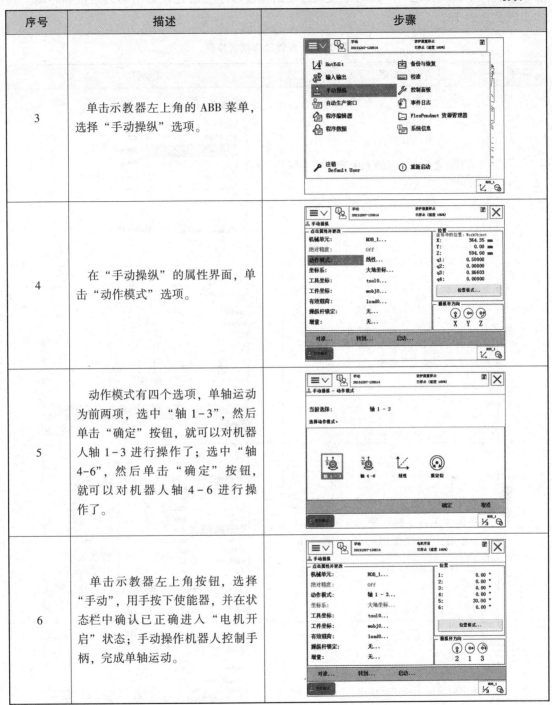
4	在"手动操纵"的属性界面，单击"动作模式"选项。	
5	动作模式有四个选项，单轴运动为前两项，选中"轴 1-3"，然后单击"确定"按钮，就可以对机器人轴 1-3 进行操作了；选中"轴 4-6"，然后单击"确定"按钮，就可以对机器人轴 4-6 进行操作了。	
6	单击示教器左上角按钮，选择"手动"，用手按下使能器，并在状态栏中确认已正确进入"电机开启"状态；手动操作机器人控制手柄，完成单轴运动。	

二、线性动作模式

线性动作是指安装在机器人第六轴法兰盘工具的 TCP（Tool Central Point，工具中心

49

点）在空间中做线性运动。该动作模式移动的幅度较小，适合较为精确的定位和移动。具体步骤见表 2-16。

表 2-16　线性动作模式步骤

序号	描述	步骤
1	单击示教器左上角的 ABB 菜单，选择"手动操纵"选项。	
2	单击"动作模式"，选择"线性"，然后单击"确定"按钮。	
3	单击"工具坐标"，机器人的线性运动要在"工具坐标"中指定对应的工具，本书中示教使用的工具是"My-Tool"。	
4	选中对应的工具"MyTool"，单击"确定"按钮。"MyTool"是安装上去的工具 TCP。	

序号	描述	步骤
5	用手按下使能器，并在状态栏中确认已正确进入"电机开启"状态；手动操作机器人控制手柄，完成轴 X、Y、Z 的线性运动。 　操纵示教器上的操纵杆，工具的 TCP 在空间中做线性运动。	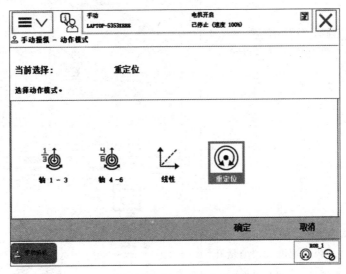

三、重定位动作模式

机器人的重定位动作是指机器人第六轴法兰盘上的工具 TCP 在空间中绕着坐标轴旋转的运动，也可理解为机器人绕着工具 TCP 做姿态调整的运动。重定位动作的手动操作可以对工具 TCP 做全方位的移动和调整。具体步骤可参照线性动作模式，不一样的是，选择的动作模式是"重定位"，如图 2-18 所示。其次要注意的是重定位动作围绕的点是选定的 TCP，可以是默认工具的 TCP，也可以是安装的工具上的 TCP。

图 2-18　选择"重定位"模式

四、快捷键操作

在手动操作模式下，通过 FlexPendant 示教器物理按钮可以进行快捷操作，具体按钮布局及功能如图 2-12 所示。快捷键的功能主要包括外轴的切换、轴运动与线性运动的切换、重定位运动、增量调节以及程序调试过程当中的控制，另外，通过4个自定义快捷键的设置，可以控制信号的产生与关闭，方便程序调试。除此之外，工业机器人手动操作模式下触摸屏上也拥有一系列的快捷设置按钮，可以便捷地进行相关参数设置。具体步骤见表2-17。

表2-17　手动操作模式下快捷设置菜单步骤

序号	描述	步骤
1	单击屏幕右下角的快捷菜单按钮。	
2	可以对当前的"动作模式""工具数据"和"工件坐标"进行设置。	
3	单击"显示详情"展开菜单，可以对当前的"操纵杆速度""增量开/关""坐标系选择"等进行设置。	

续表

序号	描述	步骤
4	单击"增量模式"按钮，可以选择需要的增量。	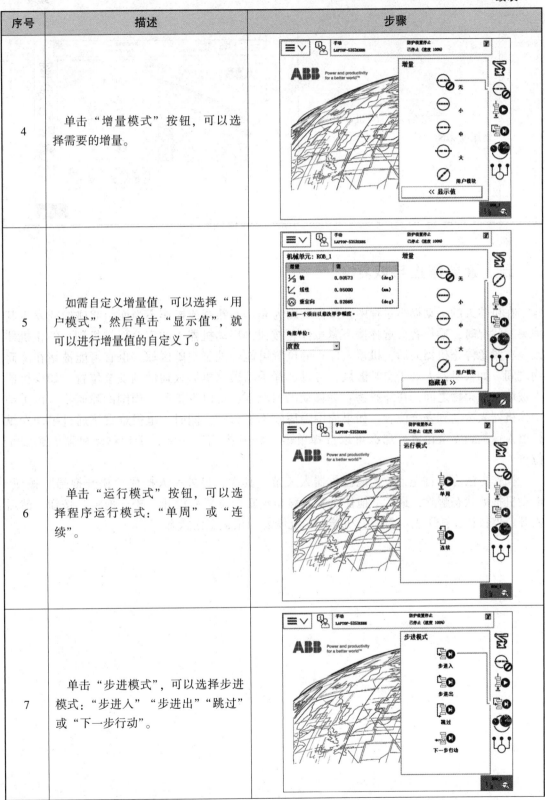
5	如需自定义增量值，可以选择"用户模式"，然后单击"显示值"，就可以进行增量值的自定义了。	
6	单击"运行模式"按钮，可以选择程序运行模式："单周"或"连续"。	
7	单击"步进模式"，可以选择步进模式："步进入""步进出""跳过"或"下一步行动"。	

53

序号	描述	步骤
8	单击"速度模式"按钮，可以设置速度比例。	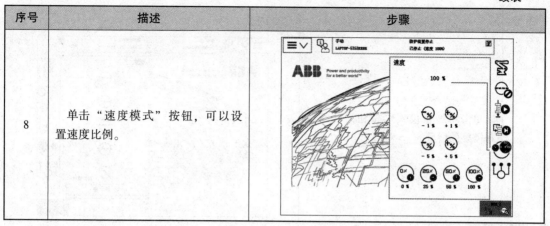

五、紧急停止与恢复

在机器人的手动操纵过程中，操作者因为操作不熟练或操作不当而引起碰撞或发生其他突发状况时，操作者会选择按下紧急停止按钮，启动机器人的安全保护机制，停止机器人。在紧急停止机器人后，机器人停止的位置可能会处于空旷区域，也有可能被堵在障碍物之间。如果机器人处于空旷区域，可以选择手动操纵机器人运动到安全位置。如果机器人被堵在障碍物之间，在障碍物容易移动的情况下，可以直接移开周围的障碍物，再手动操作机器人运动到安全位置。如果周围障碍物不易移动，同时，也很难直接通过手动操纵机器人运动到安全位置，那么可以选择单击"松开抱闸"按钮，手动移动机器人到安全位置。

操作方法为：首先，一人拖住机器人关节；其次，另外一人按住"松开抱闸"按钮，电动机抱死状态解除；最后，拖住机器人移动到安全位置后松开"松开抱闸"按钮。然后松开急停按钮，按下上电按钮，机器人系统恢复到正常工作状态。

任务四　坐标系的设置

【励志微语】

成功的人影响别人，失败的人被人影响。

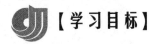

【学习目标】

了解ABB机器人的坐标系定义与分类，掌握工具与工件坐标系的创建原理与步骤。

【任务描述】

工业机器人的运动是在坐标系下完成的，不同的坐标系，机器人的运动轨迹或方向可能不一样。现有一批工件在斜面上，为方便工件的示教与搬运，完成创建与斜面平行的工件坐标系。

【任务知识库】

一、坐标系简介

坐标系是从一个称为原点的固定点通过轴定义的平面或空间。工业机器人的目标和位置是通过沿坐标系轴的测量来定位的，如图2-19所示。

机器人系统中可使用若干坐标系，每一种坐标系都可以适用于特定类型的控制或编程，常用的坐标系主要有以下几种：

图2-19　机器人与坐标系

1. 基坐标系

位于机器人基座，如图2-20所示，使用该坐标系可以方便地将机器人从一个位置移动到另一个位置。该坐标系在机器人基座中有相应的零点，示教器操纵杆向前和向后使机器人沿 X 轴移动，向两侧使机器人沿 Y 轴移动，旋转操纵杆使机器人沿 Z 轴移动。

2. 工件坐标系

该坐标系与工件有关，通常用于对机器人进行编程，如

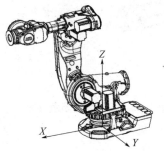

图2-20　基坐标系示意图

图 2-21 所示。工件坐标系对应工件，其定义位置是相对于大地坐标系（或其他坐标系）的位置。一个机器人可以拥有若干工件坐标系，或者表示不同工件，或者表示同一工件在不同位置的若干副本。

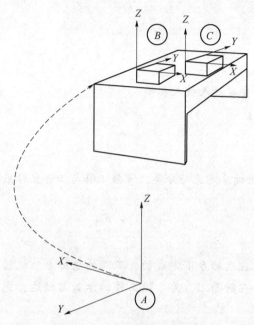

图 2-21　工件坐标系示意图

3. 工具坐标系

该坐标系定义机器人到达预设目标时所使用工具的位置，工具坐标系将工具中心点设为零点，由此定义工具的位置和方向，经常缩写为 TCPF（Tool Center Point Frame），如图 2-22 所示。所有关节型机器人在六轴法兰盘原点处都有一个预定义工具坐标系，即 tool0，新工具坐标系的位置一般是预定义工具坐标系 tool0 的偏移值。

4. 大地坐标系

该坐标系可定义机器人单元，所有其他的坐标系均与大地坐标系直接或间接相关。它适用于手动操纵、一般移动以及处理具有若干机器人或外轴移动机器人的工作站和工作单元。大地坐标系在工作单元或工作站中的固定位置有相应的零点，有助于处理若干个机器人或由外轴移动的机器人。在默认情况下，大地坐标系与基坐标系是一致的。

5. 用户坐标系

该坐标系是用户自己定义的，一般在表示持有其他坐标系的设备（如工件）时用到。

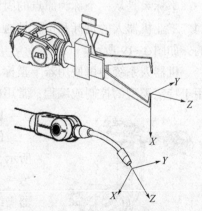

图 2-22　工具坐标系示意图

二、工具坐标系设置

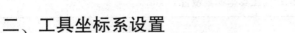

工具坐标系设置前，先要知道工具数据 tooldata 的定义，它描述的是安装在机器人第六轴上的工具坐标 TCP、质量、重心等参数数据。所有 ABB 的机器人在手腕处都有一个预定义的工具坐标系，该坐标系被称为 tool0。默认工具（tool0）的工具中心点位于机器人安装法兰的中心，如图 2-23 所示。执行程序时，机器人将 TCP 移至编程位置。一般情况下，机器人的应用场景不同会配置不同的工具，以便完成指定操作。

图 2-23　默认工具（tool0）位置示意图

机器人应用过程中，当工具重新安装、更换工具或工具使用后出现运动误差时，我们需要重新定义工具坐标系，具体步骤如下：

（1）首先在机器人工作范围内找一个非常精确的固定点作为参考点，一般机器人会附带一个用于定义工具坐标系的圆锥件。

（2）然后在工具上确定一个参考点，最好是工具的中心点。

（3）用手动操纵机器人的方法，去移动工具上的参考点，以四种以上不同的机器人姿态尽可能与固定点刚好碰上。

（4）机器人通过这几个位置点的位置数据计算求得 TCP 的数据，然后 TCP 的数据就保存在 tooldata 这个程序数据中被程序调用。

ABB 机器人定义工具坐标系的时候有三种方法：第一种是 N（$3 \leqslant N \leqslant 9$）点法，不改变 tool0 的坐标方向；第二种是"TCP 和 Z"法，改变 tool0 的 Z 方向；第三种是"TCP 和 Z，X"法，改变 tool0 的 X 和 Z 方向（在焊接应用中最为常用）。

本小节的案例中将使用"TCP 和 Z，X"法进行操作演示，为了获得更准确的 TCP，前三个点的姿态相差尽量大些，第四点是用工具的参考点垂直于固定点，第五点是工具参考点从固定点向将要设定为 TCP 的 X 方向移动，第六点是工具参考点从固定点向将要设定为 TCP 的 Z 方向移，具体步骤见表 2-18。

表 2-18　工具坐标系设置

序号	描述	步骤
1	单击"ABB"菜单按钮，选择"手动操纵"。	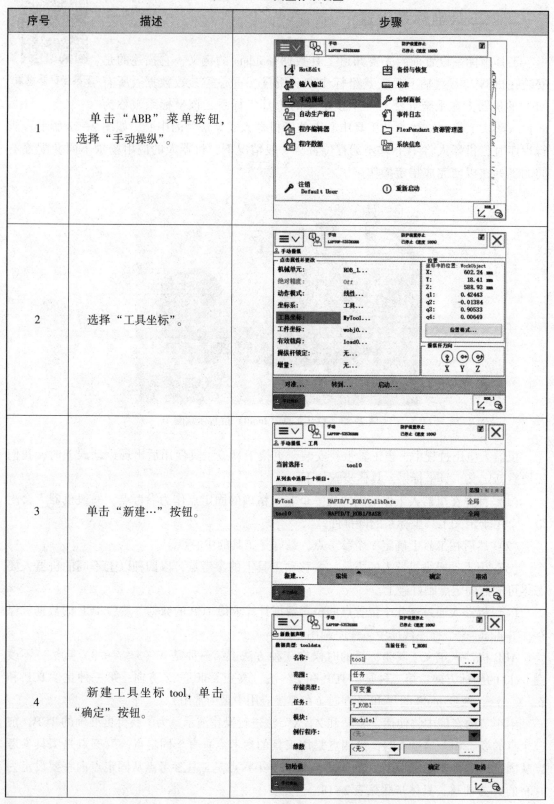
2	选择"工具坐标"。	
3	单击"新建…"按钮。	
4	新建工具坐标 tool，单击"确定"按钮。	

续表

序号	描述	步骤
5	单击"编辑"按钮，选择菜单中的"定义…"选项。	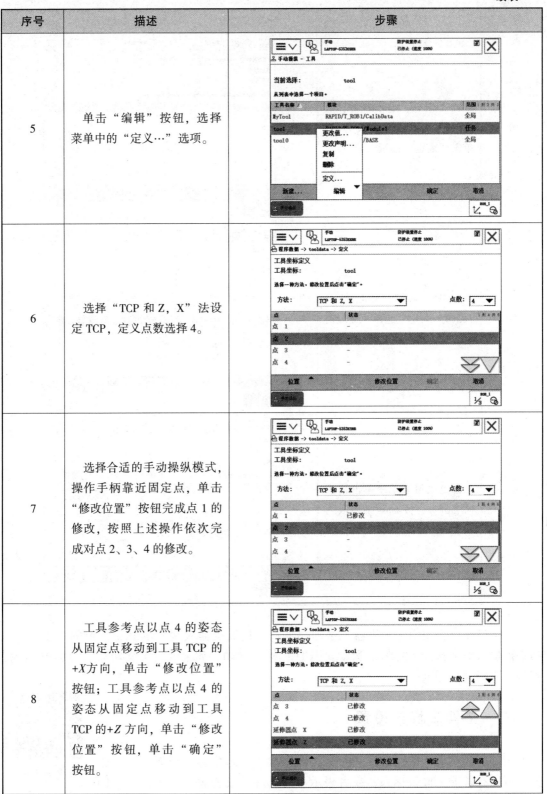
6	选择"TCP 和 Z，X"法设定 TCP，定义点数选择 4。	
7	选择合适的手动操纵模式，操作手柄靠近固定点，单击"修改位置"按钮完成点 1 的修改，按照上述操作依次完成对点 2、3、4 的修改。	
8	工具参考点以点 4 的姿态从固定点移动到工具 TCP 的 +X 方向，单击"修改位置"按钮；工具参考点以点 4 的姿态从固定点移动到工具 TCP 的 +Z 方向，单击"修改位置"按钮，单击"确定"按钮。	

续表

序号	描述	步骤
9	查看误差，越小越好，但也要以实际验证效果为准，单击"确定"按钮。	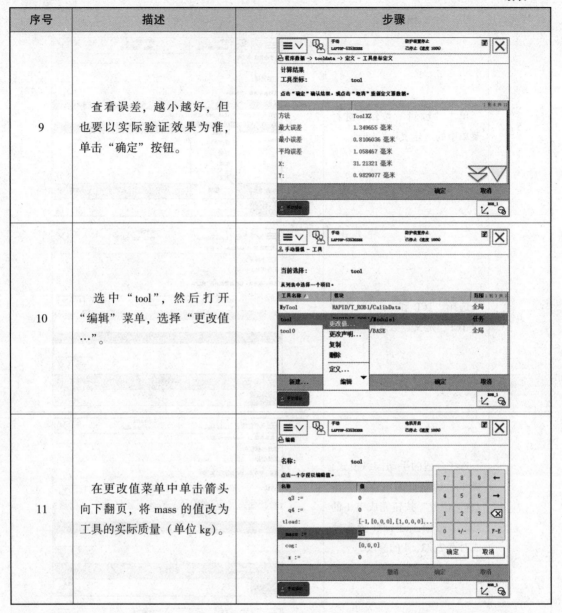
10	选中"tool"，然后打开"编辑"菜单，选择"更改值…"。	
11	在更改值菜单中单击箭头向下翻页，将 mass 的值改为工具的实际质量（单位 kg）。	

按下使能器，用手拨动机器人手动操纵杆，检测机器人是否围绕新标定的 TCP 运动。如果机器人围绕新标定的 TCP 运动，则 TCP 标定成功；如果没有围绕新标定的 TCP 运动，则需要重新进行标定。

三、工件坐标系设置

工件坐标对应工件，它定义的是工件相对于大地坐标的位置。一个机器人可以有若干工件坐标系，或者表示不同工件，或者表示同工件在不同

工件坐标系设置

位置的若干副本。机器人进行编程时，就是在工件坐标中创建目标和路径，设置工件坐标系能带来如下优点：

（1）重新定位工作站中的工件时，只需更改工件坐标的位置，所有路径将随之更新，不需要重新编辑路径。

（2）允许操作随外部轴或传送导轨移动的工件，因为整个工件可连同其路径一起移动。

（3）通过机器人寻找指令（search）与工件坐标系（Wobj）联合使用，可以使机器人工作位置更柔性。

如图2-24所示，A是机器人的大地坐标系，为了方便编程，给第一个工件建立了一个工件坐标B，并在这个工件坐标B中进行轨迹编程。如果工作台上还有一个一样的工件需要走一样的轨迹，那么只需建立一个工件坐标C，将工件坐标B中的轨迹复制一份，然后将工件坐标从B更新为C，则无须对一样的工件进行重复轨迹编程了。

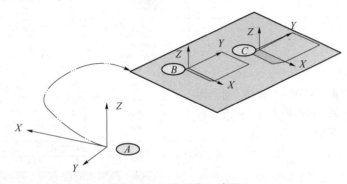

图2-24 工件坐标示意图1

如图2-25所示，如果在工件坐标B中对A对象进行了轨迹编程，当工件坐标位置变化成工件坐标D后，只需在机器人系统重新定义工件坐标D，则机器人的轨迹就自动更新到C，不需要再次轨迹编程。因A相对于B、C相对于D的关系是一样的，并没有因为整体偏移而发生变化。

如图2-26所示，在对象的平面上，只需要定义三个点，就可以建立一个新的工件坐标。其中X_1点确定工件的原点，X_1、X_2点确定工件坐标轴X正方向，Y_1确定工件坐标轴Y正方向。具体步骤见表2-19。

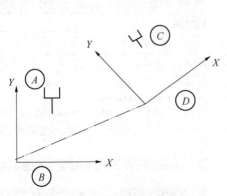

图2-25 工件坐标示意图2

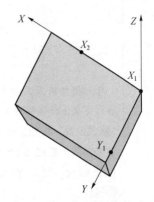

图2-26 工件坐标定义示意图

表 2-19　工件坐标系设置

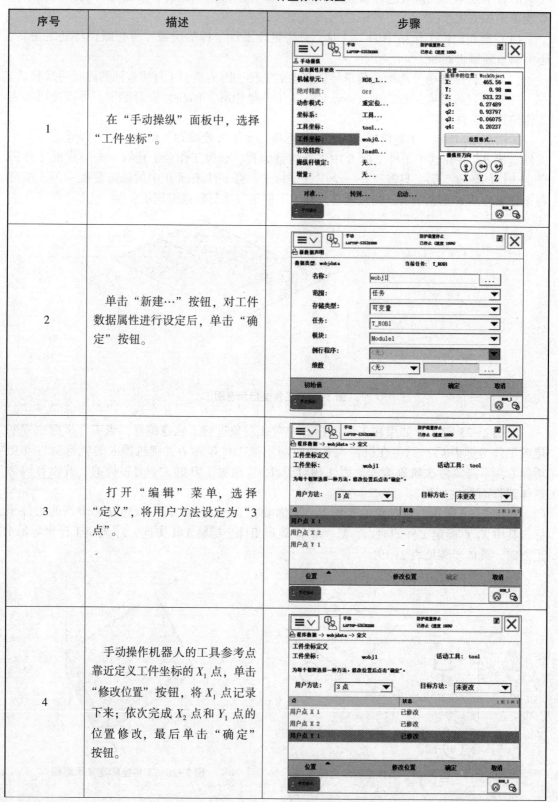

序号	描述	步骤
1	在"手动操纵"面板中，选择"工件坐标"。	
2	单击"新建…"按钮，对工件数据属性进行设定后，单击"确定"按钮。	
3	打开"编辑"菜单，选择"定义"，将用户方法设定为"3点"。	
4	手动操作机器人的工具参考点靠近定义工件坐标的 X_1 点，单击"修改位置"按钮，将 X_1 点记录下来；依次完成 X_2 点和 Y_1 点的位置修改，最后单击"确定"按钮。	

续表

序号	描述	步骤
5	对工件位置进行确认后，单击"确定"按钮。	 工件坐标定义 工件坐标：　wobj1　　　活动工具：tool 为每个框键选择一种方法，修改位置后点击"确定"。 用户方法：3点　　　目标方法：未更改 点　　　　　　状态 用户点 X 1　　　已修改 用户点 X 2　　　已修改 用户点 Y 1　　　已修改 位置　　修改位置　确定　取消

　　工件坐标建立好后，可以选择新创建的工件坐标系，按下使能器，用手拨动机器人手动操作摇杆使用线性动作模式，观察在新的工件坐标系下移动的情况，由此来检查新的工件坐标系。

任务五　工业机器人管理与维护

【励志微语】

地球是运动的，一个人不会永远处在倒霉的地方。

【学习目标】

掌握转数计数器更新、关节轴转动角度等参数设置，能够对 ABB 机器人进行基本参数设置。

【任务描述】

工业机器人在日常使用过程中，为了作业的稳定可靠，需要对机器人进行日常管理与维护保养。通过对工业机器人常用信息与事件日志的查阅等，分析并制订解决机器人维护与保养的方案，最终实现转数计数器更新、本体电池更换等维护与保养操作。

【任务知识库】

一、常用信息的查看

1. 工作状态显示

示教器操作界面的状态栏可以显示 ABB 机器人常用信息，可以通过这些信息了解机器人当前所处的状态以及存在的问题，如图 2-27 所示。

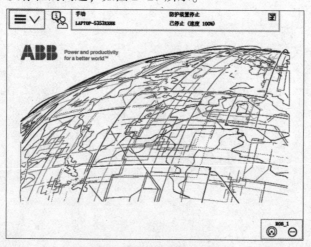

图 2-27　示教器操作界面

机器人状态：手动、全速手动和自动三种状态。机器人此时处于手动状态。

机器人电动机状态：使能键第一挡按下，会显示电动机开启；松开或第二挡按下，会显示防护装置停止。机器人此时处于防护装置停止状态。

机器人系统信息：主要显示当前机器人系统名称。

机器人程序运行状态：显示程序的运行或停止，括号里标注当前运动速度。

2. 事件日志查看

在示教器的操作界面上单击状态栏，就可以查看机器人的事件日志，该界面会显示出机器人运动的事件记录，包括时间日期等，为分析相关事件和问题提供准确的信息，如图2-28所示。

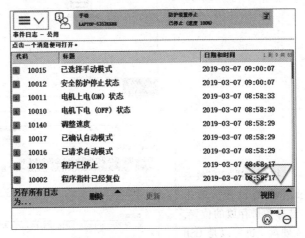

图 2-28 机器人的事件日志

二、备份与系统恢复

数据备份与恢复

机器人在日常使用时经常会用到数据备份与恢复，这一小节将介绍ABB机器人的数据备份与恢复。

1. 数据备份

数据备份步骤详见表2-20。

表 2-20 数据备份步骤

序号	描述	步骤
1	单击"ABB"按钮，单击"备份与恢复"。	

序号	描述	步骤
2	单击"备份当前系统…"选项。	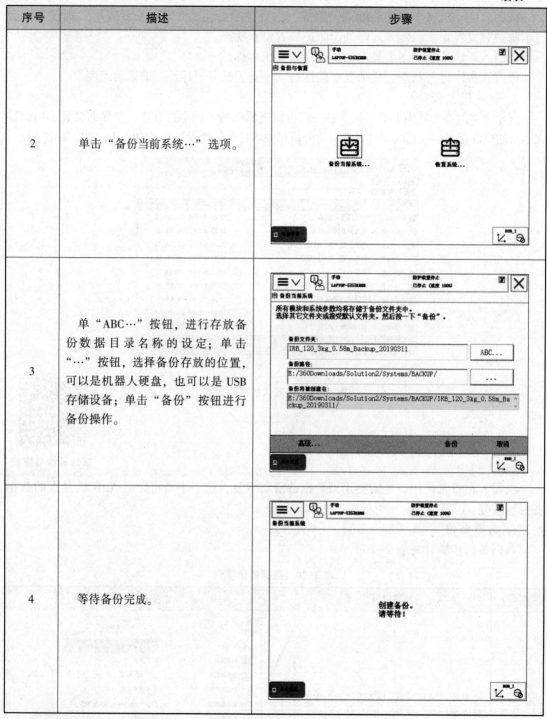
3	单"ABC…"按钮，进行存放备份数据目录名称的设定；单击"…"按钮，选择备份存放的位置，可以是机器人硬盘，也可以是 USB 存储设备；单击"备份"按钮进行备份操作。	
4	等待备份完成。	

2. 数据恢复

数据恢复步骤详见表 2–21。

表2-21　数据恢复步骤

序号	描述	步骤
1	单击"ABB"按钮，单击"备份与恢复"选项。	
2	单击"恢复系统…"按钮。	
3	单击"…"按钮，选择备份文件存放的位置，单击"恢复"按钮，完成系统恢复工作。	
4	单击"恢复"选项，单击"是"按钮开始恢复。	

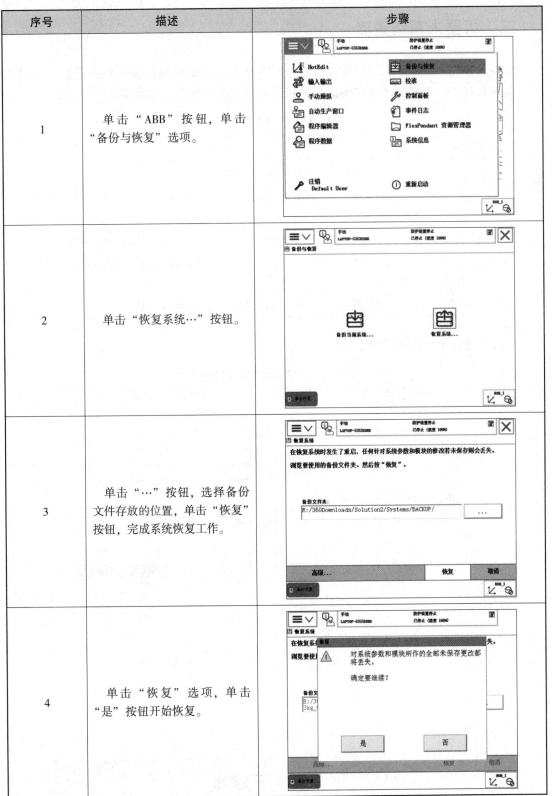

三、机器人系统重启

机器人在使用过程中会用到重启操作，ABB 机器人重新启动的类型包括重启、重置系统、重置 RAPID、恢复到上次自动保存的状态和关闭主计算机。各类型说明见表 2-22。

表 2-22　ABB 机器人重启类型说明

重启动类型	说明
重启	使用当前的设置重新启动当前系统
重置系统	重启并将丢弃当前的系统参数设置和 RAPID 程序，将会使用原始的系统安装设置
重置 RAPID	重启并将丢弃当前的 RAPID 程序和数据，但会保留系统参数设置
恢复到上次自动保存的状态	重启并尝试回到上一次自动保存的系统状态。一般在从系统崩溃中恢复时使用
关闭主计算机	关闭机器人控制系统，应在控制器 UPS 故障时使用

ABB 机器人重启步骤见表 2-23。

表 2-23　ABB 机器人重启步骤

序号	描述	步骤
1	单击"ABB"按钮，单击"重新启动"按钮。	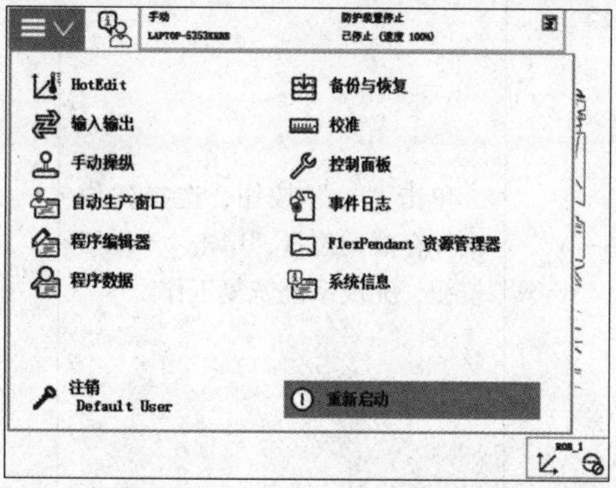
2	单击"高级…"按钮。	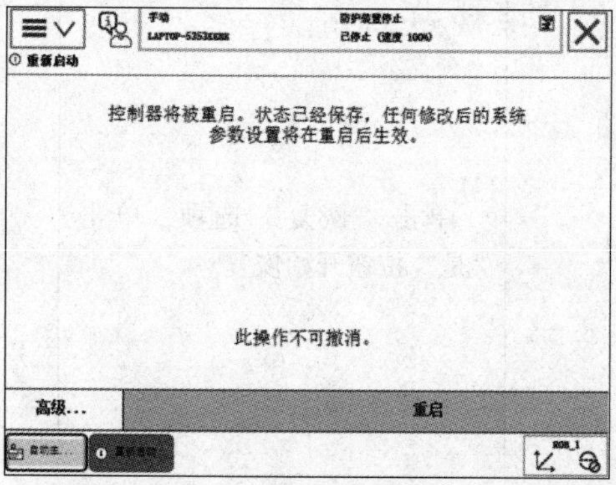

续表

序号	描述	步骤
3	给出了常用的重启类型。	 ■ 重新启动 高级重启 ◉ 重启 ○ 重置系统 ○ 重置 RAPID ○ 恢复到上次自动保存的状态 ○ 关闭主计算机 下一个　取消
4	以重置 RAPID 为例说明重新启动的操作。选中"重置 RAPID",然后单击"下一个"按钮。	 ■ 重新启动 高级重启 ○ 重启 ○ 重置系统 ◉ 重置 RAPID ○ 恢复到上次自动保存的状态 ○ 关闭主计算机 下一个　取消
5	界面显示重置 RAPID 的提示信息,然后单击"重置 RAPID"按钮,等待重新启动的完成。	 ■ 重新启动 控制器将被重启。将丢弃当前的 APID 程序和数据, 但会保留系统参数设置。 此操作不可撤消。 高级...　重置 RAPID

四、转数计数器更新

转数计数器更新

工业机器人在出厂时,对各个关节轴的机械零点进行了设定,对应着机器人本体上六个关节轴同步标记,该零点作为各个轴关节运动的基准。机器人的零点信息是指机器人各轴处于机械零点时各个轴的电动机编码器对应的读数(包括转数数据和单圈转角数据)。零点信息数据存储在本体串行测量板上,数据需供电才能保持存储,掉电后数据会丢失。

机器人的转数计数器是用独立的电池供电,用来记录各个轴的数据。如果示教器提示电池没电,或者机器人在断电情况下机器人手臂位置移动了,这时候需要对计数器进行更

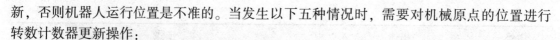

新，否则机器人运行位置是不准的。当发生以下五种情况时，需要对机械原点的位置进行转数计数器更新操作：

（1）更换伺服电动机转数计数器电池后。

（2）当转数计数器发生故障，修复后。

（3）转数计数器与测量板之间断开后。

（4）断电后，机器人关节轴发生了位移时。

（5）当系统报警提示"10036 转数计数器未更新"时。

ABB 机器人六个关节轴都有一个机械原点位置，转数计数器的更新也就是先将机器人各个轴停到机械原点，把各轴上的刻度线和对应的槽对齐，然后在示教器进行校准更新，具体步骤见表 2-24。

表 2-24　转数计数器更新步骤

序号	描述	步骤
1	手动操纵，轴动作模式下控制各关节轴转动至原点位置。关节轴处于 0°，各关节轴运动的顺序为轴 4-5-6-1-2-3。	
2	在主菜单界面选择"校准"。	
3	选择需要校准的机械单元，单击"ROB_1"。	

续表

序号	描述	步骤
4	选择"手动方法（高级）"。	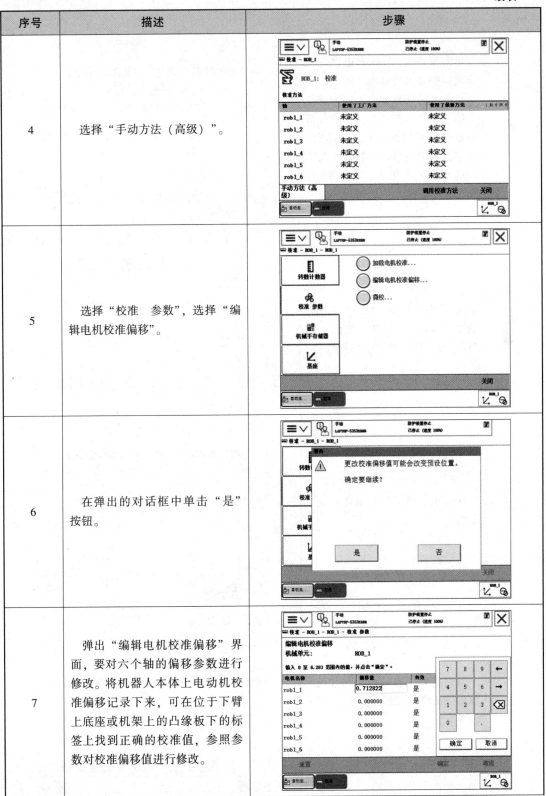
5	选择"校准　参数"，选择"编辑电机校准偏移"。	
6	在弹出的对话框中单击"是"按钮。	
7	弹出"编辑电机校准偏移"界面，要对六个轴的偏移参数进行修改。将机器人本体上电动机校准偏移记录下来，可在位于下臂上底座或机架上的凸缘板下的标签上找到正确的校准值，参照参数对校准偏移值进行修改。	

序号	描述	步骤
8	单击偏移值，在编辑电动机校准偏移中输入机器人本体上的电动机校准偏移数据，然后按键盘上的"确定"按钮。输入所有新的校准偏移值后，单击"确定"按钮，将重新启动示教器。在弹出的对话框中单击"是"按钮，完成系统重启。	
9	重启机器人控制器后，在示教器主菜单中单击"校准"按钮。选择"rob_1"。选择"转数计数器"，再选择"更新转数计数器"。	
10	在弹出的对话框中单击"是"按钮。	
11	勾选需要更新轴的机械单元，单击"确定"按钮，弹出更新轴的界面。	

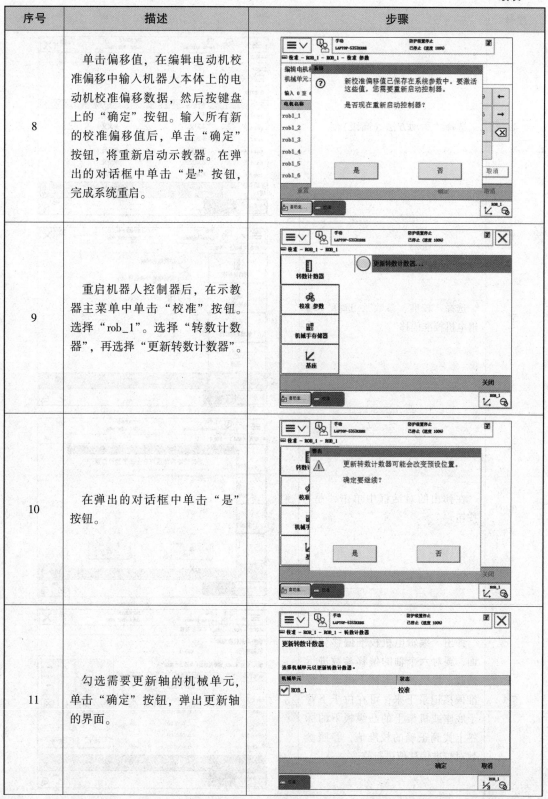

序号	描述	步骤
12	在更新轴的界面中,单击"全选"按钮,然后单击"更新"按钮。	
13	在弹出的窗口中单击"更新"按钮,然后等待系统完成更新工作,当显示"转数计数器更新已成功完成"时,单击"确定"按钮,转数计数器更新完毕。	

五、关节轴转动角度设置

关节轴转动角度

机器人工作时,因为工作环境和控制的需要,要对单个轴进行运动范围的限定,通过对单个轴的上限和下限角度值进行设定,可以完成运动范围的限定。注意,设定的数据单位是弧度,1 弧度约等于 57.3°,具体步骤见表 2-25。

表 2-25　关节轴转动角度设置步骤

序号	描述	步骤
1	打开 ABB 菜单,单击"控制面板",进入"控制面板"界面;选择"配置",进入系统参数配置界面。	

序号	描述	步骤
2	单击"主题"按钮，选择"Motion"。	
3	找到"Arm"选项，单击进入。	
4	选择需要限定的轴进行设置，比如rob_1，进行编辑。	
5	根据工作环境要求，设置上下限值。	

序号	描述	步骤
6	确定数据修改无误后，单击"确定"按钮保存数据，并重启机器人，至此，机器人 rob_1 关节轴就限定在设置范围内运动了。	

六、工业机器人本体电池更换

　　本书所示型号机器人（IRB120）其零点信息数据存储在本体串行测量板上，而串行测量板在机器人系统接通外部主电源时，由主电源进行供电；当系统与主电源断开连接后，则需要串行测量板电池（本体电池）为其供电。

　　如果串行测量板断电，就会导致零点信息丢失，机器人各关节轴无法按照正确的基准进行运动。为了保持机器人机械零点位置数据的存储，需要持续保持串行测量板的供电。当串行测量板的电池电量不足时，示教器界面会出现提示，此时需要更换新电池；否则，电池电量耗尽，每次主电源断电后再次上电，都需要进行转数计数器更新的操作。

　　本书所述机器人品牌的串行测量板装置和电池有两种型号：一种具有 2 个电极电池触点，另一种具有 3 个电极电池触点。对于有 2 个电极触点的串行测量板，如果机器人电源每周关闭 2 天，则新电池的使用寿命通常为 36 个月；而如果机器人电源每天关闭 16 h，则使用寿命为 18 个月；而 3 个电极触点的型号具有更长的电池使用寿命。生产中断时间较长的情况下，可通过电池关闭服务例行程序延长其使用寿命。

项目三

搬运工作站编程与操作

项目目标

掌握 ABB 机器人的 I/O 通信种类、I/O 板与 I/O 信号的配置方法，能够根据要求完成信号的配置与仿真，熟练完成信号的快捷键配置；

理解 ABB 机器人的 RAPID 编程语言、编程框架，掌握机器人程序的创建与管理；

理解 ABB 机器人的程序数据类型与分类，能够区别程序数据的变量、可变量、常量存储类型，完成对程序数据进行创建与赋值操作；

掌握 ABB 工业机器人的关节、直线、圆弧等基本运动指令组成与意义，完成三角形、正方形、圆形等简单轨迹的编程与示教；掌握工件坐标系偏移轨迹的程序编制与调试；

掌握 ABB 工业机器人的常用基本指令，能够区别 Offs 与 RelTool 偏移指令；完成搬运工作站的程序结构设计、程序编制与调试。

X 证书考点

1. 能通过外部数字信号和模拟信号，创建和关联合适的工业机器人信号；
2. 能通过工业机器人信号的强制操作，监控外围设备动作；
3. 能进行工业机器人信号的仿真操作；
4. 能完成工业机器人搬运典型工作任务的程序编程与调试。

知识图谱

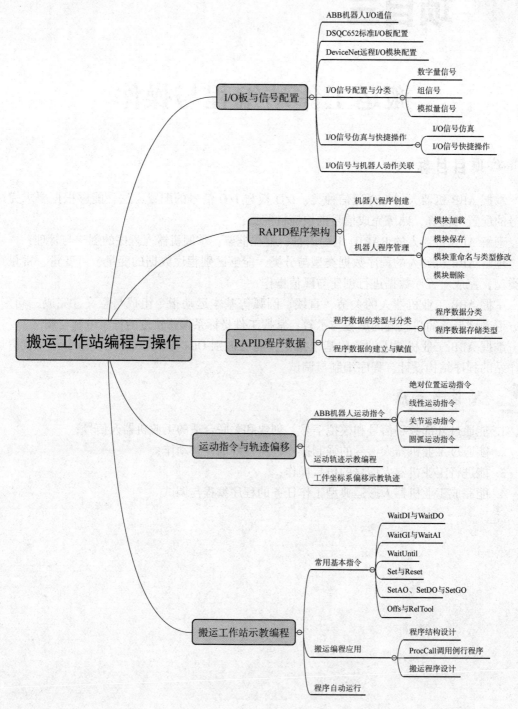

搬运机器人（transfer robot）是可以进行自动化搬运作业的工业机器人。最早的搬运机器人出现在 1960 年的美国，Versatran 和 Unimate 两种机器人首次用于搬运作业。搬运作业是指用一种设备握持工件，从一个加工位置移到另一个加工位置。

搬运机器人可安装不同的末端执行器，以完成各种不同形状和状态的工件搬运工作，大大减轻了人类繁重的体力劳动。世界上使用的搬运机器人逾 10 万台，被广泛应用于机床上下料、冲压机自动化生产线、自动装配流水线、码垛搬运、集装箱等的自动搬运。部分发达国家已制定出人工搬运的最大限度，超过限度的必须由搬运机器人来完成。

一般来说，搬运机器人具有以下特点：

（1）具备根据物品特点选用或设计的物品传送装置；

（2）具备准确的物品定位装置，便于机器人抓取；

（3）多数情况下设有可自动交换的物品托板，便于物品的快速供给；

（4）多层码垛时，可能需要整形；

（5）根据搬运的物品不同，需要使用不同的末端执行器；

（6）选用适用于搬运的机器人。

通常来说，搬运机器人工作站是高度集成化系统，它包括工业机器人、控制器、PLC、机器人夹爪、托盘等，形成一个完整的集成化的搬运系统。

本项目任务中使用的是如图 3-1 所示的搬运机器人工作平台，它是利用 IRB120 型机器人将黑色物料从工件台的起始点移动到目标点。

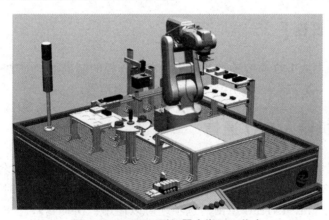

图 3-1　IRB120 型机器人搬运工作台

工作站主要组成部件有工具库、托盘、IRB120 型机器人、工作台以及机器人控制器等。若要完成机器人的搬运工作，需要设计机器人的 I/O 点、工具拾取程序、工具释放程序、搬运程序等。

任务一　I/O 板与信号配置

【励志微语】

因为有悔，所以披星戴月；因为有梦，所以奋不顾身。

【学习目标】

掌握 ABB 机器人的 I/O 通信种类、I/O 板与 I/O 信号的配置方法，能够根据要求完成信号的配置与仿真，熟练完成信号的快捷键配置。

【任务描述】

现有末端执行器一套，需要工业机器人实现对末端执行器的拾取或放置。工业机器人在抓取工件之前，需要预先安装对应的末端执行器，查阅任务知识库中的相关资料，完成 DSQC 652 标准 I/O 板、组信号、数字量信号的配置及快捷键操作，最终实现对末端执行器的拾取与放置。

【任务知识库】

在了解 ABB 机器人 I/O 通信种类及常用标准 I/O 板的基础上，对 DSQC 652 板进行配置，定义总线连接、数字输入/输出信号、组输入/输出信号。

一、ABB 机器人 I/O 通信

ABB 机器人提供了丰富的 I/O 通信接口，可以轻松地实现与周边设备进行通信，见表 3-1，其中 RS232 通信、OPC server、Socket Message 是与 PC 通信时的通信协议，PC 通信接口需要选择 "PC-INTERFACE" 选项才可以使用；Device Net、Profibus、Profibus-DP、Profinet、EtherNet IP 则是不同厂商推出的现场总线协议，使用何种现场总线，要根据需要进行选配；如果使用 ABB 标准 I/O 板，就必须有 DeviceNet 的总线。

表 3-1　ABB 机器人通信方式

ABB 机器人		
PC	现场总线	ABB 标准
	Device Net	标准 I/O 板
RS232 通信	Profibus	PLC
OPC server	Profibus-DP	…
Socket Message	Profinet	…
	EtherNet IP	…

关于 ABB 机器人 I/O 通信接口的说明：

（1）ABB 标准 I/O 板提供的常用信号处理有数字输入 DI、数字输出 DO、模拟输入 AI、模拟输出 AO，以及输送链跟踪。常用的标准 I/O 板有 DSQC 651 和 DSQC 652。

（2）ABB 机器人可以选配标准 ABB 的 PLC，省去了与外部 PLC 进行通信设置的麻烦，并且可以在机器人的示教器上实现与 PLC 相关的操作。

在本任务中，以常用的 ABB 标准 I/O 板 DSQC 652 为例，详细讲解如何进行相关的参数设定。

二、DSQC 652 标准 I/O 板配置

机器人信号板
配置

ABB 标准 I/O 板是挂在 DeviceNet 网络上的，所以要设定模块在网络中的地址，ABB 常用标准 I/O 板有 DSQC 651、DSQC 652、DSQC 653、DSQC 355A、DSQC 377A 等五种，详见表 3-2。除了在设置时给它们分配的地址不同以外，它们的配置方法基本相同。本节以 DSQC 652 标准板为例介绍标准板的配置方式。

表 3-2 ABB 标准 I/O 板分类

序号	型号	说明
1	DSQC 651	分布式 I/O 模块，含 8 个数字量输入端、8 个数字量输出端和 2 个模拟量输出端
2	DSQC 652	分布式 I/O 模块，含 16 个数字量输入端和 16 个数字量输出端
3	DSQC 653	分布式 I/O 模块，含 8 个带继电器的数字量输入模块和 8 个带继电器的数字量输出模块
4	DSQC 355A	分布式 I/O 模块，含 4 个模拟量输入端和 4 个模拟量输出端
5	DSQC 377A	输送链跟踪单元

ABB 标准 I/O 板 DSQC 652 板，主要提供 16 个数字输入信号和 16 个数字输出信号的处理。图 3-2 所示是模块接口的说明，其中 A 部分是信号输出指示灯；B 部分表示的是 X1 和 X2 数字输出接口；C 部分是 X5 DeviceNet 接口；D 部分是模块状态指示灯；E 部分是 X3 和 X4 数字输入接口；F 部分是数字输入信号指示灯。

DSQC 652 板的 X1、X2、X3、X4、X5 模块接口连接说明如下：

1. X1 端子

X1 端子接口包含 8 个数字输出，地址分配详见表 3-3。

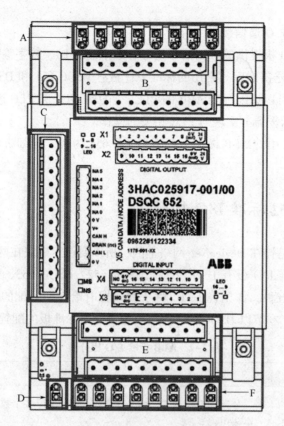

A—信号输出指示灯；B—X1、X2数字输出接口；C—X5 DeviceNet接口；D—模块状态指示灯；

E—X3、X4数字输入接口；F—数字输入信号指示灯。

图 3-2　DSQC 652 板接口

表 3-3　DSQC 652 板 X1 端子地址分配

X1 端子编号	使用定义	地址分配
1	OUTPUT CH1	0
2	OUTPUT CH2	1
3	OUTPUT CH3	2
4	OUTPUT CH4	3
5	OUTPUT CH5	4
6	OUTPUT CH6	5
7	OUTPUT CH7	6
8	OUTPUT CH8	7
9	0 V	—
10	24 V	—

2. X2 端子

X2 端子接口包含 8 个数字输出，地址分配详见表 3-4。

表 3-4　DSQC 652 板 X2 端子地址分配

X2 端子编号	使用定义	地址分配
1	OUTPUT CH9	8
2	OUTPUT CH10	9
3	OUTPUT CH11	10
4	OUTPUT CH12	11
5	OUTPUT CH13	12
6	OUTPUT CH14	13
7	OUTPUT CH15	14
8	OUTPUT CH16	15
9	0 V	—
10	24 V	—

3. X3 端子

X3 端子接口包含 8 个数字输入，地址分配详见表 3-5。

表 3-5　DSQC 652 板 X3 端子地址分配

X3 端子编号	使用定义	地址分配
1	INPUT CH1	0
2	INPUT CH2	1
3	INPUT CH3	2
4	INPUT CH4	3
5	INPUT CH5	4
6	INPUT CH6	5
7	INPUT CH7	6
8	INPUT CH8	7
9	0 V	—
10	24 V	—

4. X4 端子

X4 端子接口包含 8 个数字输入，地址分配详见表 3-6。

表 3-6　DSQC 652 板 X4 端子地址分配

X4 端子编号	使用定义	地址分配
1	INPUT CH9	8
2	INPUT CH10	9
3	INPUT CH11	10
4	INPUT CH12	11
5	INPUT CH13	12
6	INPUT CH14	13
7	INPUT CH15	14
8	INPUT CH16	15
9	0 V	—
10	未使用	—

5. X5 端子

ABB 标准 I/O 板是下挂在 DeviceNet 现场总线下的设备，通过 X5 端口与 DeviceNet 现场总线进行通信，端子使用定义见表 3-7。其中，1~5 是 DeviceNet 接线端子，其上的编号 6~12 跳线用来决定模块（I/O 板）在总线中的地址，可用范围为 10~63；7~12 跳线剪断，地址分别对应 1、2、4、8、16、32；跳线 8 和跳线 10 剪断，对应数值相加是 10，即为 DSQC 652 总线地址。

表 3-7　DSQC 652 板 X5 端子地址分配

X5 端子编号	使用定义
1	0 V BLACK
2	CAN 信号线 low BLUE
3	屏蔽线
4	CAN 信号线 high WHITE
5	24 V RED
6	GND 地址选择公共端
7	模块 ID bit0（LSB）
8	模块 ID bit1（LSB）
9	模块 ID bit2（LSB）
10	模块 ID bit3（LSB）
11	模块 ID bit4（LSB）
12	模块 ID bit5（LSB）

定义 DSQC 652 板总线连接的相关参数说明见表 3-8，具体的步骤见表 3-9。

表 3-8　DSQC 652 板总线连接参数

参数名称	设定值	默认值	说明
Name	D652Board	Tmp0	设定 I/O 板在系统中的名字
Type of Unit	D652	无	设定 I/O 板的类型
Connected to Bus	DeviceNet1	无	设定 I/O 板连接的总线
DeviceNet Address	10	无	设定 I/O 板在总线中的地址

表 3-9　DSQC 652 标准 I/O 板配置步骤

序号	描述	步骤
1	打开 ABB 主界面，选择"控制面板"选项。	
2	在"控制面板"界面中，选择"配置"选项。	
3	在"I/O System 配置"界面中，选择"DeviceNet Device"选项。如果默认打开的不是"I/O System"，可以单击"主题"按钮，选择"I/O System"。	

序号	描述	步骤
4	在"DeviceNet Device"设备配置页面中，单击"添加"按钮。	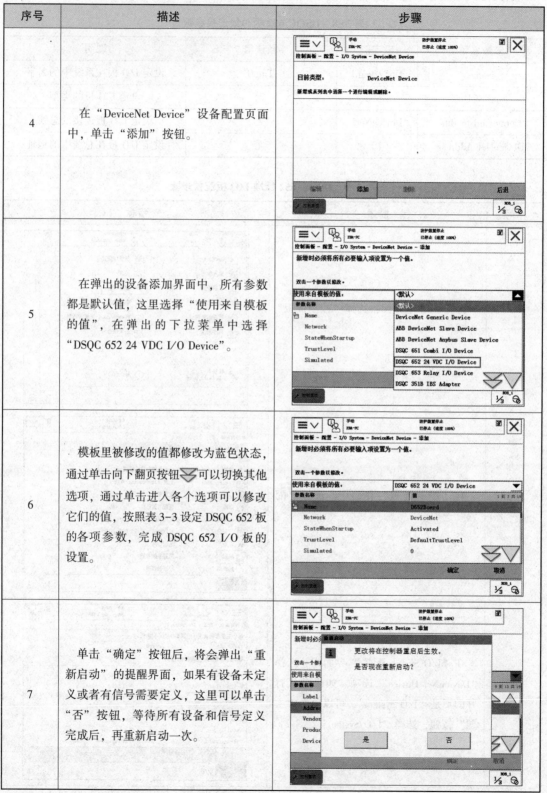
5	在弹出的设备添加界面中，所有参数都是默认值，这里选择"使用来自模板的值"，在弹出的下拉菜单中选择"DSQC 652 24 VDC I/O Device"。	
6	模板里被修改的值都修改为蓝色状态，通过单击向下翻页按钮可以切换其他选项，通过单击进入各个选项可以修改它们的值，按照表3-3设定DSQC 652板的各项参数，完成DSQC 652 I/O板的设置。	
7	单击"确定"按钮后，将会弹出"重新启动"的提醒界面，如果有设备未定义或者有信号需要定义，这里可以单击"否"按钮，等待所有设备和信号定义完成后，再重新启动一次。	

三、DeviceNet 远程 I/O 模块配置

图 3-3 所示为工业机器人远程 I/O 模块的适配器（FR8030），从左至右依次挂载 2 个数字量输入模块（FR1108）、4 个数字量输出模块（FR2108）和 1 个模拟量输出模块（FR4004）。这里需要先通过 CANManager 软件根据当前远程 I/O 模块的硬件结构配置 FR8030 型适配器，然后将远程 I/O 模块挂载在机器人 DeviceNet 总线上，方可进行信号的定义。

首先，将已配置的适配器 DeviceNet 接口和机器人控制柜前侧板上的 XS17 DeviceNet 接口通过 CAN 通信电缆相连，如图 3-4 所示。按照表 3-10 所示参数，将远程 I/O 模块挂载在机器人总线上，确保模块可以正常运行，操作过程详见表 3-11。

图 3-3　远程 I/O 模块

图 3-4　CAN 接口连接

表 3-10　远程 I/O 端子参数

序号	参数项	参数值
1	模块名称（Name）	DN_Generic
2	地址（Address）	11
3	供应商 ID（Vendor ID）	9999
4	产品代码（Product Code）	67
5	设备类型（Decive Type）	12
6	通信类型（Connection Type）	Polled
7	轮询频率（PollRate）	1 000
8	输出缓冲区长度（Connection Output Size）	12
9	输入缓冲区长度（Connection Intput Size）	2

表 3-11　DeviceNet 远程 I/O 模块配置步骤

序号	描述	步骤
1	按照路径单击"控制面板"→"配置"→"I/O System"，在"I/O System"配置界面中，选择"DeviceNet Device"选项。如果默认打开的不是"I/O System"，可以单击"主题"按钮，选择"I/O System"。	
2	在"DeviceNet Device"设备配置页面中，单击"添加"按钮。 选择 DeviceNet 通信设备模板，即"DeviceNet Generic Device"，命为 I/O 板为"DN_Generic"，此处用户可以自定义名称。	
3	模块的通信地址设为 11，此处地址由从设备适配器上的拨码开关决定，供应商 ID（Vendor ID）、产品代码（Product Code）、设备类型（Decive Type）等参数可以根据表 3-5 进行设置。	
4	模块通信连接类型选择轮询模式（Polled），轮询频率默认为 1 000，输出缓冲区长度为 12（输出信号占用字节），输入缓冲区长度为 2（输入信号占用字节），重启后，远程 I/O 模块配置完成。	

四、I/O 信号配置与分类

1. 数字量信号

本书所述数字量信号基于 DSQC 652 板配置，其提供 16 个数字信号输 入端（DI）和 16 个数字信号输出端（DO）。在设置输入输出信号时，它们 的地址范围均是 0~15。

信号分类与配置

定义数字量输入信号时，需要修改的参数见表 3-12，具体步骤见表 3-13。

表 3-12　数字量输入信号参数表

参数名称	设定值	默认值	参数说明
Name	DI1	Tmp0	信号的名称
Type of Signal	Digital Input	无	信号的类型
Assigned to Device	D652Board	无	信号关联的板卡名称
Device Mapping	0	无	信号在板卡中的地址

表 3-13　数字量输入信号配置步骤

序号	描述	步骤
1	在 ABB 主界面中，单击选择"控制面板"按钮。	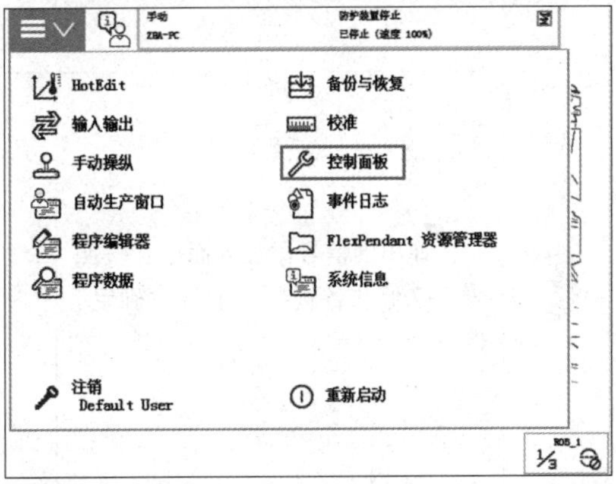
2	在弹出的"控制面板"主界面中，单击选择"配置"按钮。	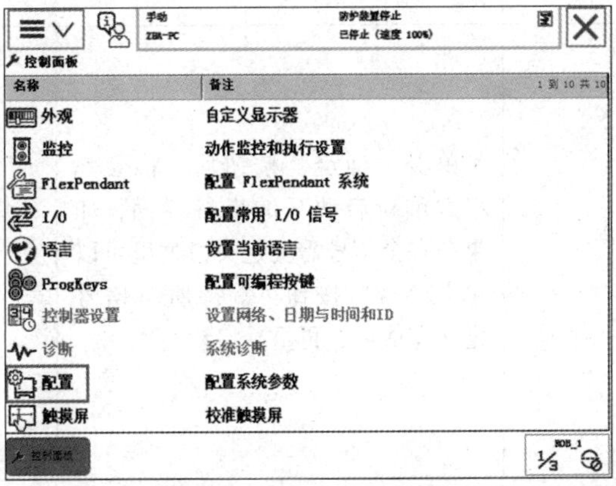

89

序号	描述	步骤
3	在"I/O System"配置界面中，选择"Signal"选项。如果默认打开的不是"I/O System"，可以单击"主题"按钮，选择"I/O System"。	
4	在信号配置界面中，有很多系统建立后默认的I/O点，不允许修改。如图所示，单击"添加"按钮。	
5	在弹出的信号添加界面中，按照表3-7修改各选项，单击"确定"按钮。	
6	单击"确定"按钮后，将会弹出"重新启动"的提醒界面，如果有多个信号需要定义，这里可以单击"否"按钮，等待所有信号定义完成后，再重新启动一次。	

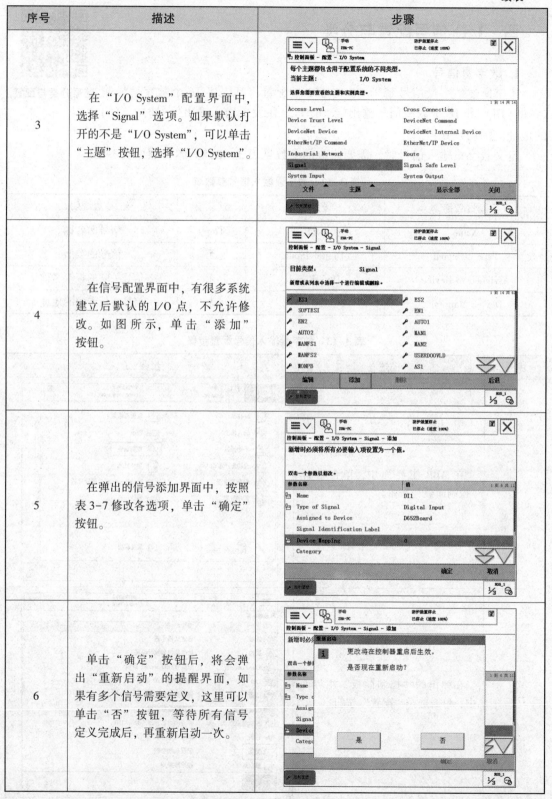

数字量输出信号定义的方法与数字量输入信号定义的方法类似，这里不再赘述，仅列出定义时必须修改的参数，见表 3-14。

表 3-14　数字量输出信号参数表

参数名称	设定值	默认值	参数说明
Name	DO1	Tmp0	信号的名称
Type of Signal	Digital Output	无	信号的类型
Assigned to Device	D652Board	无	信号关联的板卡名称
Device Mapping	0	无	信号在板卡中的地址

2. 组信号

本书所述组信号基于 DSQC 652 板配置。组信号就是将几个数字信号组合起来使用，用于输入 BCD 编码的十进制数。组输入信号的地址范围为 $0 \sim 7$，一共 2^8 个数值范围，即 $0 \sim 255$。组输入信号的参数表见表 3-15，具体步骤见表 3-16。

表 3-15　组输入信号参数表

参数名称	设定值	默认值	说明
Name	GI1	Tmp0	组输入信号的名称
Type of Signal	Group Input	无	设定信号的类型
Assigned to Unit	D652Board	无	设定信号所在的 I/O 模块
Unit Mapping	0	无	设定信号所占用的地址

表 3-16　组输入信号配置步骤

序号	描述	步骤
1	在 ABB 主界面中，单击"控制面板"选项。	

续表

序号	描述	步骤
2	在弹出的"控制面板"主界面中，单击"配置"选项。	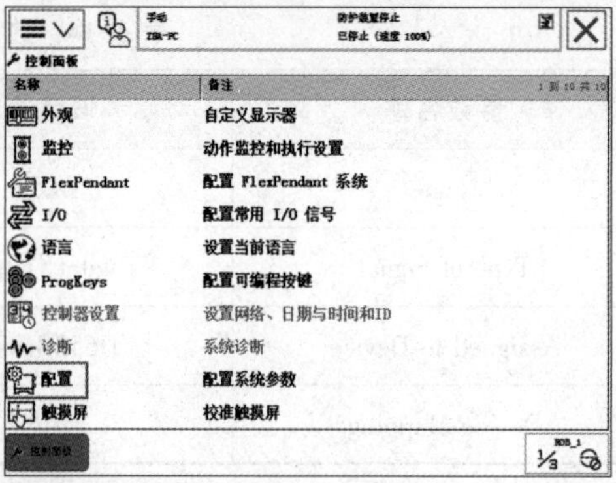
3	在"I/O System"配置界面中，选择"Signal"选项。如果默认打开的不是"I/O System"，可以单击"主题"按钮，选择"I/O System"。	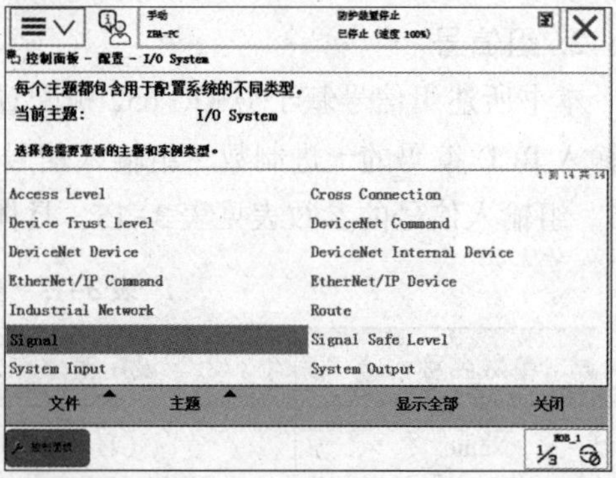
4	在信号配置界面中，有很多系统建立后默认的I/O点，不允许修改。如图所示，单击"添加"按钮。	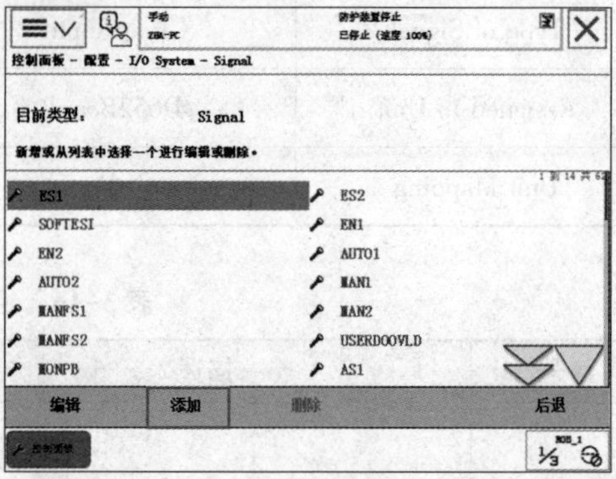
5	在弹出的信号添加界面中，按照表3-10修改各选项，单击"确定"按钮。	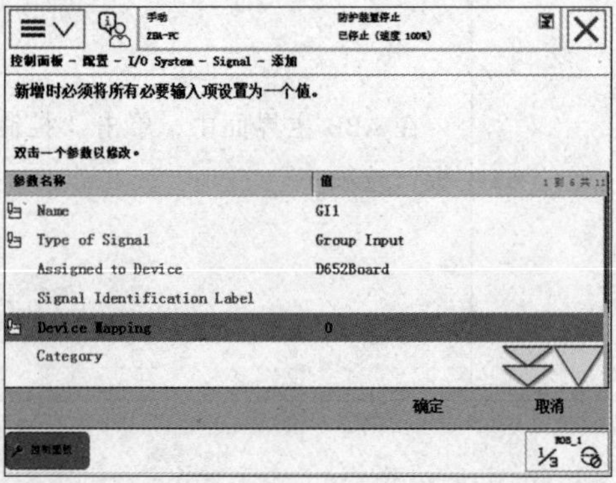

序号	描述	步骤
6	单击"确定"按钮后,将会弹出"重新启动"的提醒界面,如果有多个信号需要定义,这里可以单击"否"按钮,等待所有信号定义完成后,再重新启动一次。	

组输出信号的定义与组输入信号定义类似,这里不再赘述,组输出信号的参数表见表 3-17。

表 3-17 组输出信号相关参数

参数名称	设定值	默认值	说明
Name	GO1	Tmp0	设定数字输出信号的名字
Type of Signal	Group Output	无	设定信号的种类
Assigned to Unit	D652Board	无	设定信号所在的 I/O 模块
Unit Mapping	0~7	无	设定信号所占用的地址

3. 模拟量信号

本书所述模拟量信号基于 DN_Generic 模块配置,定义模拟量输出信号 Ao_1,相关参数说明详见表 3-18,相关步骤详见表 3-19。

表 3-18 模拟量输出信号参数

参数名称	设定值	说明
Name	Ao_1	设定模拟输出信号的名字
Type of Signal	Analog Output	设定信号的类型
Assigned to Unit	DN_Generic	设定信号所在的 I/O 模块
Unit Mapping	32~47	设定信号所占用的地址
Analog Encoding Type	Unsigned	设定模拟信号属性
Maximum Logical Value	25	设定最大逻辑值
Maximum Physical Value	10	设定最大物理值
Maximum Bit Value	4 095	设定最大位置

表3-19 模拟量输出信号配置步骤

序号	描述	步骤
1	在 ABB 主界面中，单击"控制面板"选项。	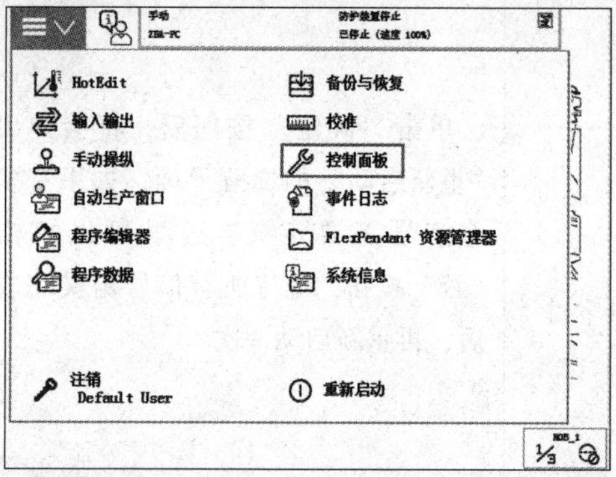
2	在弹出的"控制面板"主界面中，单击"配置"选项。	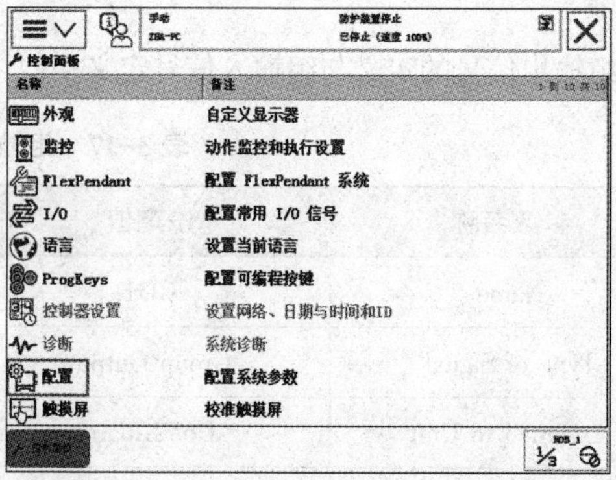
3	在"I/O System"配置界面中，单击"Signal"选项。如果默认打开的不是"I/O System"，可以单击"主题"按钮，选择"I/O System"。	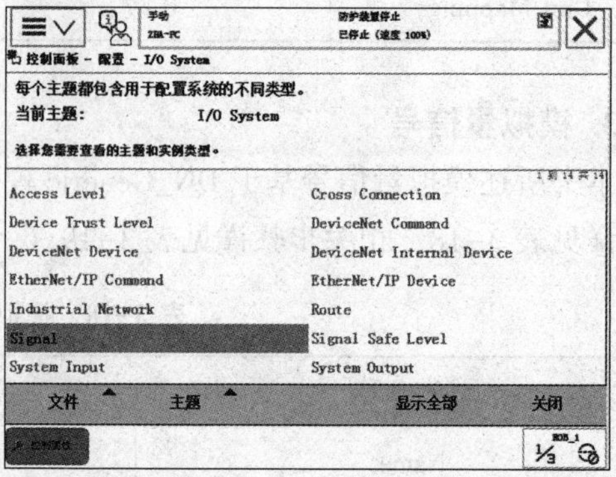
4	在信号配置界面中，有很多系统建立后默认的I/O点，不允许修改。如图所示，单击"添加"按钮。	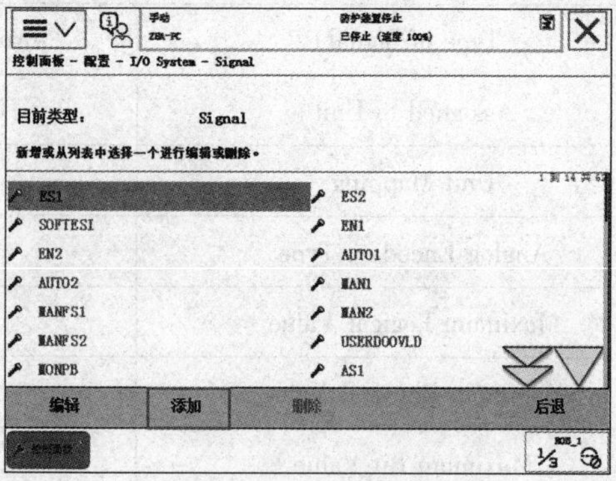

序号	描述	步骤
5	在弹出的信号添加界面中，按照表3-13修改各选项，修改信号名称。	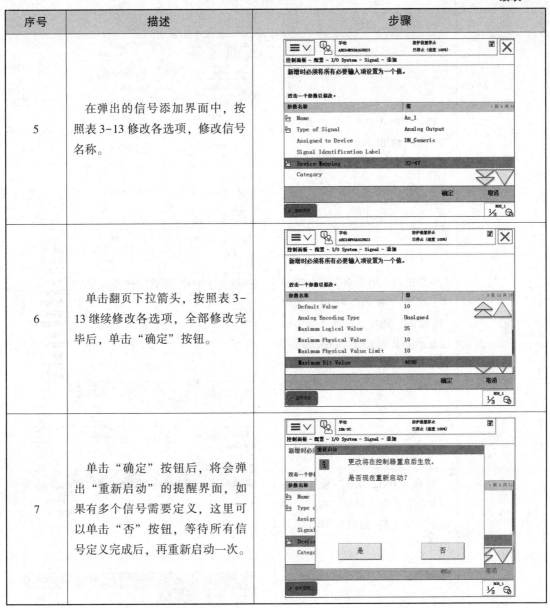
6	单击翻页下拉箭头，按照表3-13继续修改各选项，全部修改完毕后，单击"确定"按钮。	
7	单击"确定"按钮后，将会弹出"重新启动"的提醒界面，如果有多个信号需要定义，这里可以单击"否"按钮，等待所有信号定义完成后，再重新启动一次。	

定义模拟量输入信号与模拟量输出信号操作过程类似，不再赘述。

五、I/O 信号仿真与快捷操作

1. I/O 信号仿真

在某些特殊情况下，需要对机器人的输入输出点进行无硬件测试，因此就需要对 I/O 点进行手动强制操作。

本任务以 DO1 为例，介绍如何对输出点进行强制置位操作，见表3-20。

表 3-20 I/O 信号仿真步骤

序号	描述	步骤
1	打开 ABB 主界面，在界面中单击"输入输出"选项。	
2	在弹出的"IO 设备"选择界面中，单击"视图"按钮，选择"IO 设备"选项，这样页面中就会显示上节定义的"D652Board"板卡。	
3	单击"D652Board"板卡，在下面单击选择"信号"按钮，弹出刚才定义的"DI1""GI1"等信号。	
4	选择其中的 DI1 信号，单击"仿真"按钮。	

续表

序号	描述	步骤
5	信号进入仿真状态，通过单击选择下方的 0 和 1 可以修改信号的状态。	

2. I/O 信号快捷操作

示教器可编程按键是如图 3-5 所示方框内的四个按键，按照图标可分为 1~4，在操作时可将常用的输出点与四个按键进行关联，从而对输出信号进行快速的置位与复位。

在对可编程按键进行输出信号设置时，可以选择五种不同形式的功能模式：切换、设为1、设为 0、按下/松开、脉冲。

图 3-5　机器人的可编程按键

（1）切换：使用该功能可以对当前选择的 I/O 信号进行快速取反操作，信号将在"0"和"1"之间切换。

（2）设为1：按下后对信号进行强制置1操作。

（3）设为0：按下后对信号进行强制清零操作。

（4）按下/松开：在此模式下，当按键被按下时，I/O 信号被置1；当按键松开时，I/O 信号被清零。

（5）脉冲：每按下一次按键，I/O 信号发出一个脉冲。

以 DO1 为例，将其关联到快捷功能键 1 的步骤见表 3-21。

表 3-21　I/O 信号快捷步骤

序号	描述	步骤
1	打开 ABB 主界面，单击选择"控制面板"选项。	

序号	描述	步骤
2	在"控制面板"中，单击可编程按钮"ProgKeys"，对可编程按键进行配置。	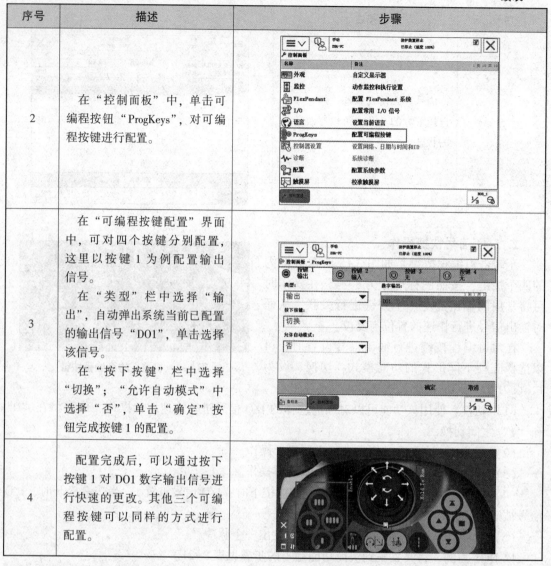
3	在"可编程按键配置"界面中，可对四个按键分别配置，这里以按键 1 为例配置输出信号。 在"类型"栏中选择"输出"，自动弹出系统当前已配置的输出信号"DO1"，单击选择该信号。 在"按下按键"栏中选择"切换"；"允许自动模式"中选择"否"，单击"确定"按钮完成按键 1 的配置。	
4	配置完成后，可以通过按下按键 1 对 DO1 数字输出信号进行快速的更改。其他三个可编程按键可以同样的方式进行配置。	

在可编程按键的配置过程中，除了输出信号可以配置外，输入信号和将指针移动到主程序也可以进行快捷配置。可以实现输入信号的快速状态的切换和调试前快速将指针移到主程序的效果。

六、I/O 信号与机器人动作关联

建立 I/O 信号与输入输出信号的关联，可以实现机器人与外部设备的通信。通过配置机器人的 DI 信号与动作的关联，可以利用可编程逻辑控制器实现机器人的电动机开启与关闭、程序的启动、指针的移动等。通过配置机器人的 DO 信号与动作的关联，可以实现机器人对外部设备的控制，如夹具的动作、电动机主轴的驱动等。本节以 DI1 信号为例，讲解如何将 I/O 信号与机器人的动作进行关联，见表 3-22。

表 3-22　动作管理步骤

序号	描述	步骤
1	打开 ABB 主界面，单击"控制面板"选项。	
2	在弹出的"控制面板"界面中，单击"配置"选项，配置系统的参数。	
3	本节使用 DI1 进行配置，因此在"I/O System"视图中选择"System Input"按钮，并单击"显示全部"按钮，进入系统输入配置界面。	
4	在系统输入配置界面中，单击"添加"按钮，添加输入点与机器人动作的关联。	

序号	描述	步骤
5	在信号配置界面中，按照图示选择信号的名称，并选择相应的动作"Action"进行匹配。双击 Action 后面的空白区域，可以对机器人多达 22 个动作进行关联操作。本节选择"Motors On"操作，即当 DI1 = 1 时，由外部触发开启机器人的电动机。 设置完成后，单击"确定"按钮，完成 I/O 信号与动作的关联。	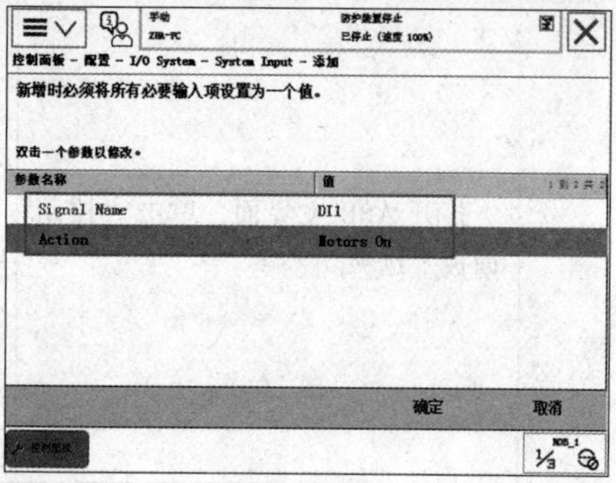

任务二　RAPID 程序架构

 【励志微语】

因为年轻，我们一无所有；正因为年轻，我们拥有一切。

【学习目标】

了解 ABB 机器人的 RAPID 编程语言、编程框架；掌握机器人程序的创建与管理。

【任务描述】

ABB 工业机器人的作业是由程序控制的，要想让机器人按照操作者的要求动作，需要对应的程序支持。根据任务知识库相关知识点完成机器人程序的创建与管理。

 【任务知识库】

一、机器人程序创建

ABB 机器人使用 RAPID 编程语言，它是一种英文自由格式编程语言，包含有丰富的指令用于机器人移动、读取输入、对外输出等，还能实现决策、重复其他指令、构造程序以及与系统操作员交流等功能。使用 RAPID 语言建立的程序被称为 RAPID 程序，在 RAPID 程序中，包含有一连串的控制机器人的指令，通过执行这些指令能够实现对机器人的控制操作。RAPID 程序的基本架构见表 3-23。

表 3-23　RAPID 程序的基本架构

RAPID 程序的基本架构			
程序模块一	程序模块二	程序模块三	系统模块
程序数据 主程序 main 例行程序 中断程序 功能	程序数据 例行程序 中断程序 功能	…… …… …… …… ……	程序数据 例行程序 中断程序 功能

1. RAPID 程序特点

RAPID 程序的架构主要有以下几个特点：

（1）RAPID 程序是由程序模块与系统模块组成的。一般情况下，只通过新建程序模块来构建机器人程序，而系统模块多用于系统方面的控制。

（2）可以根据不同的用途创建多个程序模块，如专门用于主程序的程序模块、用于位置计算的程序模块、用于存放数据的程序模块，这样便于归类管理不同用途的例行程序与数据。

（3）每一个程序模块包含了程序数据、例行程序、中断程序和功能四种对象，但并非每一种模块中都有这四种对象，程序模块之间的数据、例行程序、中断程序和功能都是可以相互调用的。

（4）在 RAPID 中只有一个主程序 main，可以存在于任意一个程序模块中，并且作为整个 RAPID 程序执行的起点。

2. 创建 RAPID 程序

在创建 RAPID 程序之前，务必保证机器人当前处于手动模式下，自动模式下系统将会阻止程序的修改。创建 RAPID 程序的具体步骤见表 3-24。

表 3-24　创建 RAPID 程序步骤

序号	描述	步骤
1	单击示教器主界面的"程序编辑器"选项。	
2	由于设备起初内部无程序，因此会弹出"不存在程序"提示，这里属于第一次创建程序，单击"新建"按钮。	
3	示教器的界面中将会弹出 main 程序编辑界面，在程序头能看见 RAPID 程序中，将程序分成了三个层级：任务与程序、模块以及例行程序。通过单击这三个选项卡，可以设置程序的相关特征。	

续表

序号	描述	步骤
4	新建完成后，系统创建程序时，默认任务名称为 T_ROB1，单击"显示模块"按钮即可进入模块设置界面。	
5	在模块设置界面中，有三个默认模块：BASE、MainModule、user。BASE 与 user 均为系统自动生成的模块，记录机器人的配置数据，如工具坐标系、工件坐标系等，建议大家使用时不要进行修改。用户在设计程序时，可以通过 MainModule 进行设计，或者在"文件"菜单中单击"新建"模块。可以通过单击"ABC…"修改模块的名称。在这里使用默认生成的 MainModule 模块即可。	
6	选中"MainModule"模块，单击"显示"模块，进入程序编辑界面，系统将自动生成 main 例行程序。	
7	单击"例行程序"选项卡，可以进入例行程序管理页面，单击"文件"按钮，选择"新建例行程序…"选项。	

续表

序号	描述	步骤
8	在"例行程序声明"页面中，修改程序的名称为 rHome，模块使用默认的 MainModule 模块，单击"确定"按钮。	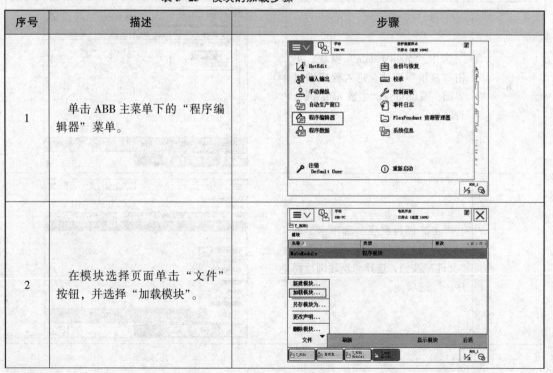

通过这种方式，可以在工作任务的模块下建立例行程序，完成了 RAPID 程序的基本架构设计，但例行程序内是没有指令内容的，我们将会在任务四中学习如何在例行程序中添加各种运动指令实现运动的控制。

二、机器人程序管理

ABB 机器人程序的管理主要包括程序模块与例行程序的管理，程序模块的管理包括创建、修改、保存、重命名和删除等操作；例行程序的管理主要是复制、移动和删除等操作。

机器人运动指令

1. 模块加载（表 3-25）

表 3-25 模块的加载步骤

序号	描述	步骤
1	单击 ABB 主菜单下的"程序编辑器"菜单。	
2	在模块选择页面单击"文件"按钮，并选择"加载模块"。	

续表

序号	描述	步骤
3	在弹出的确认页面中单击"是"按钮,进入模块加载界面。	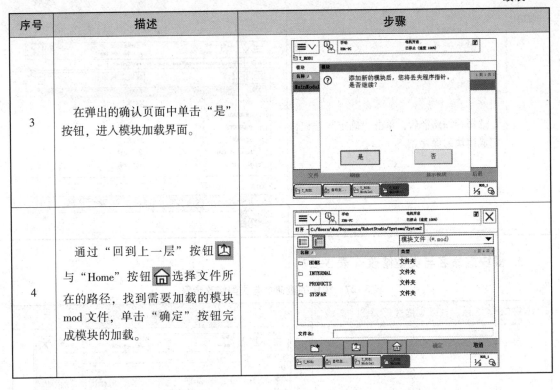
4	通过"回到上一层"按钮 ⬚ 与"Home"按钮 ⌂ 选择文件所在的路径,找到需要加载的模块mod 文件,单击"确定"按钮完成模块的加载。	

2. 模块保存(表 3–26)

表 3–26　模块的保存步骤

序号	描述	步骤
1	单击 ABB 主菜单下的"程序编辑器"选项。	
2	在模块选择页面中单击"文件"按钮,在弹出的菜单中选择"另存模块为…"选项。	

续表

序号	描述	步骤
3	选择存储路径后，单击"确定"按钮，完成模块的保存。	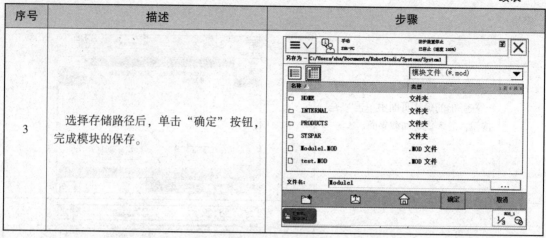

3. 模块重命名与类型修改（表3-27）

表3-27　模块的重命名与类型修改步骤

序号	描述	步骤
1	在"模块更改"页面中单击"文件"按钮，单击"更改声明"选项。	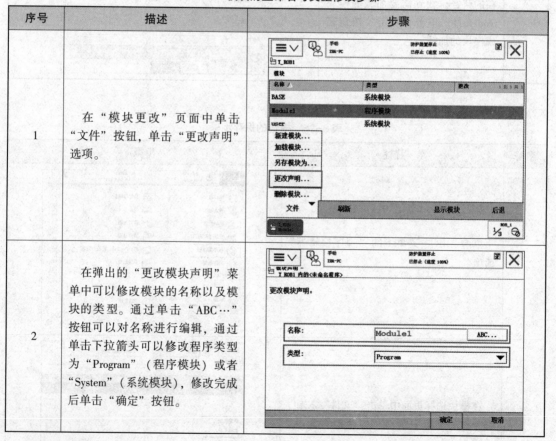
2	在弹出的"更改模块声明"菜单中可以修改模块的名称以及模块的类型。通过单击"ABC…"按钮可以对名称进行编辑，通过单击下拉箭头可以修改程序类型为"Program"（程序模块）或者"System"（系统模块），修改完成后单击"确定"按钮。	

4. 模块删除

在模块的删除操作中，可以删除当前任务中的某个模块，但在存储介质中，该模块仍然存在。如果用户有需要，可以选择加载模块重新加载。见表3-28。

表 3-28 模块的删除步骤

序号	描述	步骤
1	在模块更改页面中单击"文件"按钮，选择"删除模块"选项。	 （界面截图） 手动 已停止（速度100%） T_ROB1 模块 名称 类型 更改 BASE 系统模块 Module1 程序模块 user 系统模块 新建模块… 加载模块… 另存模块为… 更改声明… 删除模块… 文件 刷新 显示模块 后退
2	在弹出的"删除模块"确认界面中，直接单击"确定"按钮将会不保存文件而直接删除，用户根据实际情况选择是否需要保存。	 （界面截图） 手动 已停止（速度100%） T_ROB1 模块 删除模块 此操作不可撤消。任何未保存的更改将会丢失。 点击"确定"以删除模块'Module1'且不保存。 确定 取消 文件 刷新 显示模块 后退

任务三　RAPID 程序数据

【励志微语】

人生最要紧的不是你站在什么地方，而是你朝什么方向走。

【学习目标】

理解 ABB 机器人的程序数据类型与分类，能够区别程序数据的变量、可变量、常量存储类型，能够实现对程序数据进行创建与赋值操作。

【任务描述】

ABB 工业机器人可通过编程实现任务的控制，在此过程中会生成不同的程序数据。根据任务知识库内容完成变量与可变量存储类型数据的创建与赋值，找出两种存储类型的不同点。

【任务知识库】

一、程序数据的类型与分类

1. 程序数据分类

ABB 工业机器人的程序数据可以根据实际情况进行程序数据的创建，为 ABB 工业机器人的程序编辑和设计带来无限的可能与发展。可以通过示教器中的程序数据窗口查看所需要的程序数据及类型。

首先在主菜单界面，单击"程序数据"，打开"程序数据"窗口，就会显示全部程序数据的类型，如图 3-6 所示，可以根据需要从列表中选择一个数据类型。

2. 程序数据存储类型

程序数据的存储类型可以分为三大类：变量 VAR、可变量 PERS 和常量 CONTS。在新建程序数据时，可在其声明界面对程序数据类型的名称、范围、存储类型、任务、模块、例行程序和维数进行设定，如图 3-7 所示，数据参数说明见表 3-29。

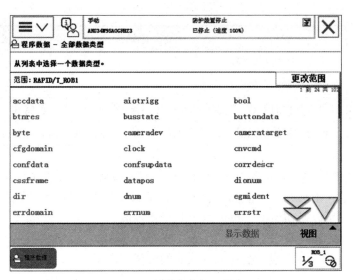

图 3-6　"程序数据"界面

图 3-7　"新数据声明"界面

表 3-29　数据参数说明

数据设定参数	说明
名称	设定数据的名称
范围	设定数据可使用的范围，分为全局、本地和任务三个选择。全局是表示数据可以应用在所用的模块中；本地是表示定义的数据只能应用于所在的模块中；任务则是表示定义的数据只能应用于所在的任务中
存储类型	设定数据的可存储类型：变量、可变量、常量
任务	设定数据所在的任务

续表

数据设定参数	说明
模块	设定数据所在的模块
例行程序	设定数据所在的例行程序
维数	设定数据的维数，数据的维数一般是指数据不相干的几种特性
初始值	设定数据的初始值，数据类型不同初始值不同，根据需要选择合适的初始值

（1）变量 VAR。VAR 表示存储类型为变量。变量型数据在程序执行的过程中和停止时都会保持当前的值，不会改变，但如果程序指针被移动到主程序后，变量型数据的数值会丢失。定义变量时可以赋初始值，也可以不赋予初始值。

举例说明：

VAR num length:=0;，表示名称为 length 的数值型数据。

VAR string name:="John";，表示名称为 name 的字符串型数据。

VAR bool finish:=TRUE;，表示名称为 finish 的布尔量型数据。

上述语句定义了数值型数据、字符串型数据和布尔量型数据。在定义时，可以定义变量数据的初始值。例如 length 的初始值为 0，name 的初始值为"John"，finish 的初始值为 TRUE。如果进行了数据的声明，在程序编辑窗口中将会显示出来，如图 3-8 所示。

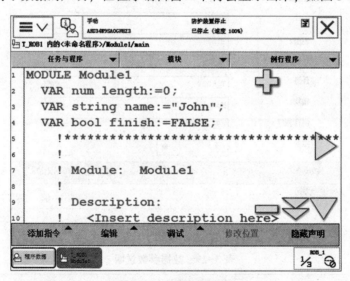

图 3-8　变量数据声明

在机器人执行的 RAPID 程序中，也可以对变量存储类型程序数据进行赋值操作，如图 3-9 所示。将名称为 length 的数值型数据赋值为"10-1"；将名称为 name 的字符串型数据赋值为"John"；将名称为 finish 的布尔型数据赋值为 FALSE。但是在程序中执行变量程序数据的赋值时，在指针复位后将恢复为初始值。

（2）可变量 PERS。PERS 表示存储类型为可变量。与变量型数据不同，可变量型数据最大的特点是无论程序指针在何处，可变量型数据都会保持最后赋予的值。在定义时，所有可变量必须被赋予一个相应的初始值。

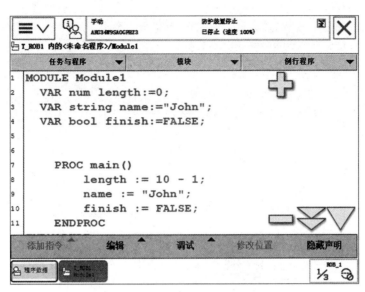

图 3-9　对变量型程序数据赋值

举行说明：

PERS num Numed：=1；，表示名称为 Numed 的数值型数据。

PERS string tested：="Hello"；，表示名称为 tested 的字符串型数据。

在示教器中进行定义后，会在程序编辑窗口显示，如图 3-10 所示。

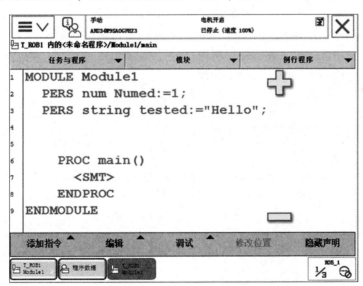

图 3-10　可变量数据声明

　　在机器人执行的 RAPID 程序中也可以对可变量存储类型程序数据进行赋值操作，如图 3-11 所示。对名称为 Numed 的数字数据赋值为 6；对名称为 test 的字符串型数据赋值为 "Hi"。但是在程序执行以后，赋值结果会一直保持，与程序指针的位置无关，直到对数据进行重新赋值，才会改变原来的值。

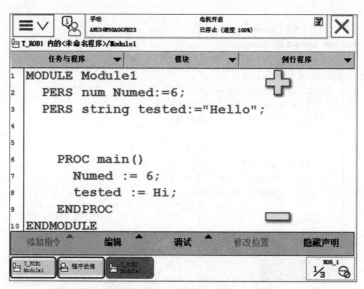

图 3-11　对可变量型程序数据赋值

（3）常量 CONTS。CONTS 表示存储类型为常量。常量的特点是定义的时候就已经被赋予了数值，并且不能在程序中进行修改，除非进行手动修改，否则数值一直不变。在定义时，所有常量必须被赋予一个相应的初始值。

举行说明：

CONST num gravity：=9.81;，表示名称为 gravity 的数值型数据。

CONST string text：="Hello";，表示名称为 text 的字符串型数据。

在程序中定义了常量后，在程序编辑窗口的显示如图 3-12 所示。但是存储类型为常量的程序数据，不允许在程序中进行赋值操作。

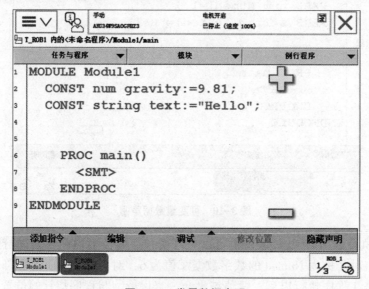

图 3-12　常量数据声明

二、程序数据的建立与赋值

在程序的编辑中，根据不同的数据用途，定义了不同的程序数据。本节仅以数值型（num）为例讲述其建立与赋值操作过程，其过程详见表3-30。

表3-30　数值型数据变量与赋值

序号	描述	步骤
1	按照图示在主菜单界面找到并单击"程序数据"选项。	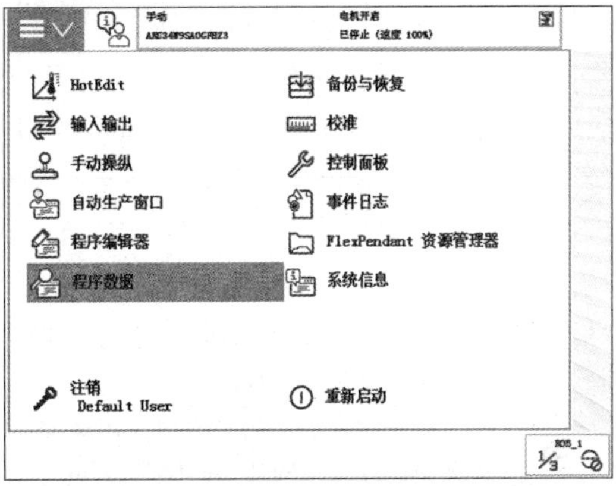
2	"程序数据"界面如图所示，单击右下角"视图"菜单，可以选择显示的数据类型，在数据类型中选择"num"，或单击右下角的"显示数据"按钮，进入数值型数据界面。	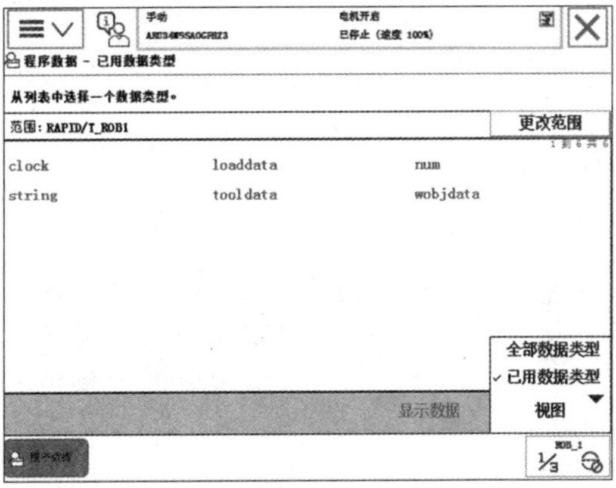
3	按照图示单击"新建"按钮。	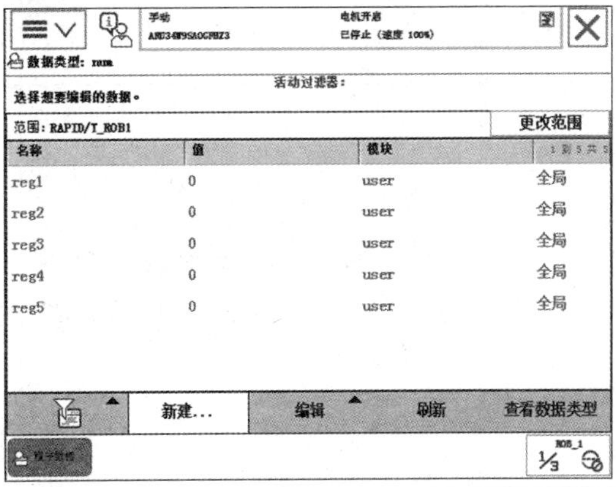

序号	描述	步骤
4	按照图示定义一个数值型数据"count"。	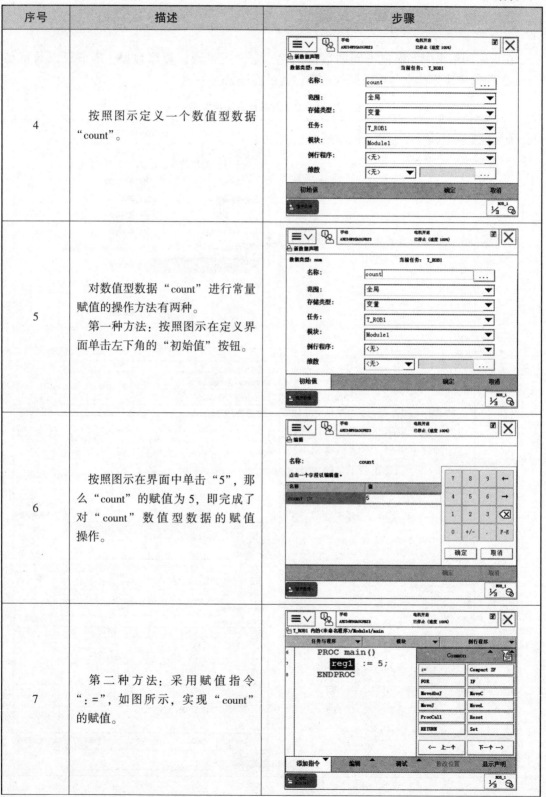
5	对数值型数据"count"进行常量赋值的操作方法有两种。 　　第一种方法：按照图示在定义界面单击左下角的"初始值"按钮。	
6	按照图示在界面中单击"5"，那么"count"的赋值为5，即完成了对"count"数值型数据的赋值操作。	
7	第二种方法：采用赋值指令"：="，如图所示，实现"count"的赋值。	

序号	描述	步骤
8	按照上图图示找到赋值指令并单击，在右图所示界面中找到数值型数据变量"count"并单击。	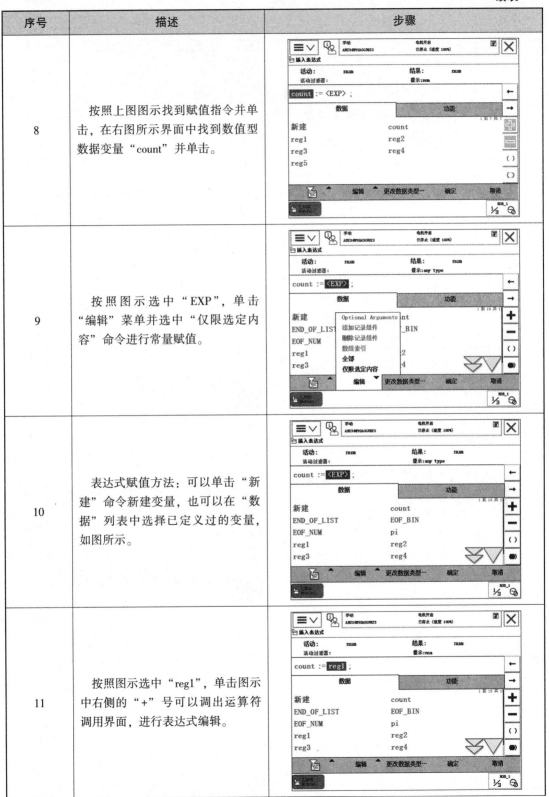
9	按照图示选中"EXP"，单击"编辑"菜单并选中"仅限选定内容"命令进行常量赋值。	
10	表达式赋值方法：可以单击"新建"命令新建变量，也可以在"数据"列表中选择已定义过的变量，如图所示。	
11	按照图示选中"reg1"，单击图示中右侧的"+"号可以调出运算符调用界面，进行表达式编辑。	

序号	描述	步骤
12	在列表中选择所需要的运算符号，如图所示。	
13	图示运算符号后的"EXP"，同样可以设置为变量或者常量，方法参考步骤9和10。	
14	按照图示单击"确定"按钮，即可完成"count"的赋值。	

任务四 运动指令与轨迹偏移

【励志微语】

读书使人充实，讨论使人机智，笔记使人准确。

【学习目标】

掌握 ABB 工业机器人的关节、直线、圆弧等基本运动指令组成与意义，完成三角形、正方形、圆形等简单轨迹的编程与示教；掌握工件坐标系偏移轨迹的程序编制与调试。

【任务描述】

通过工业机器人的编程与调试，实现三角形、正方形、圆形等轨迹的绘制；结合工件坐标系的特征属性，利用工件坐标系偏移轨迹完成同一平面相同形状的两个三角形轨迹绘制。

【任务知识库】

RAPID 程序中包含很多控制机器人运动的指令，执行这些指令可以实现机器人的动作控制。通过 ABB 机器人的 MoveAbsJ、MoveL、MoveJ、MoveC 等基本运动的学习，掌握指令格式与意义以及基本运动轨迹的示教编程方法。

一、ABB 机器人运动指令

机器人运动指令

工业机器人的空间运动主要有四种基本运动指令，包括绝对位移运动指令（MoveAbsJ）、线性运动指令（MoveL）、关节运动指令（MoveJ）及圆弧运动指令（MoveC），为了实现更复杂的运动，在这些基本运动指令的基础上发展出一些扩展指令，如 MoveJAO 表示在关节运动的同时，设置拐角处的模拟信号输出；MoveLDO 表示在 TCP 线性运动的同时，设置拐角处的数字信号输出等。

1. 绝对位置运动指令

MoveAbsJ 经常用于机器人回到机械零点或安全等待点 Home 的路径规划中，比如搬运工作中从当前位置回到初始状态。它属于快速运动指令，在该指令执行过程中，机器人将以最快速、六个轴同时以单轴动作的形式到达目标点。在移动的过程中，路径完全不可控，因此在正常生产的过程中需要避免使用该指令。

MoveAbsJ * \NoEoffs,v1000，z50,tool0\Wobj:=wobj1;

指令包含六个未知参数，其具体释义见表 3-31。

表 3-31　绝对位置运动指令的参数解析

参数	含义
*	目标点的位置名称，目标点包含六个轴的角度数据
NoEoffs	无外轴偏移数据
v1000	全自动模式下机器人运动的速度
z50	转弯区的数据，转弯区数值越大，机器人运行越圆滑与流畅
tool0	当前使用的工具坐标系
wobj1	当前使用的工件坐标系

特别提示：z50 用于设置转弯区数值，如果需要精准到达某个点，需要设置为 fine。当命令中使用 fine 时，机器人会在到达目标点前减速。

在操作机器人时，一般会设置至少 1 个工件坐标系而非自带的工件坐标系，因此，在调用程序时，需要设置默认使用的工具坐标系和工件坐标系，本书中使用默认工具坐标系 tool0、配置工件坐标系 wobj1。工件坐标系调用方法见表 3-32。

表 3-32　工件坐标系调用显示步骤

序号	描述	步骤
1	在模块显示页面中双击 "Module1" 进入 main 例行程序编辑。	
2	在 main（）程序中单击 "添加指令"，添加 "MoveAbsJ" 绝对位置移动指令或者其他移动指令。	

序号	描述	步骤
3	在指令名称处单击，弹出"更改选择"界面，这里显示该指令的目标点、移动速度、转弯半径及使用的工具。单击任一项均可修改。这里单击"可选变量"，进入"可选参变量"设置界面。	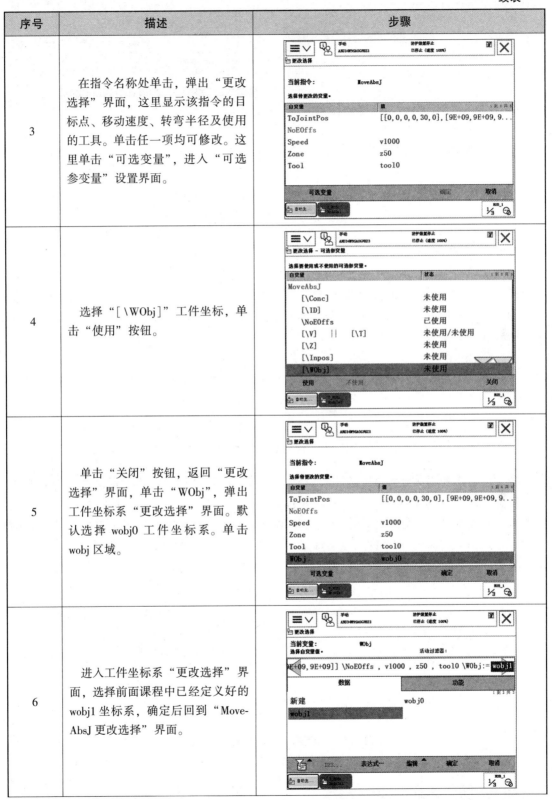
4	选择"［\WObj］"工件坐标，单击"使用"按钮。	
5	单击"关闭"按钮，返回"更改选择"界面，单击"WObj"，弹出工件坐标系"更改选择"界面。默认选择 wobj0 工件坐标系。单击 wobj 区域。	
6	进入工件坐标系"更改选择"界面，选择前面课程中已经定义好的 wobj1 坐标系，确定后回到"MoveAbsJ 更改选择"界面。	

序号	描述	步骤
7	单击"确定"按钮，返回程序编辑界面，可以观察到程序后添加了一行语句："\WObj:=wobj1"。	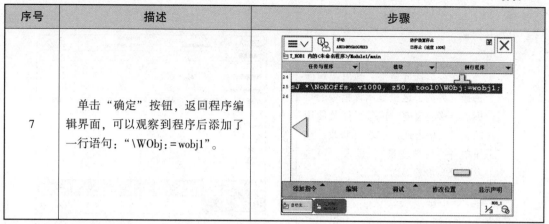

2. 线性运动指令

线性运动指令 MoveL（图 3-13）是让机器人沿一条直线进行运动。执行该指令时（参数解析见表 3-33），机器人将会从 p10 出发，沿直线运动到 p20 点，在移动的过程中，机器人的运动路径是唯一的，因此，该指令常用于机器人的工具动作之前的路径移动，如焊接、涂胶前的定位移动。

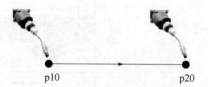

图 3-13　线性运动路径示意图

线性运动指令不适合大范围的路径移动，从当前点到目标点以线性运动指令移动的方式容易碰撞机器人的奇异点，导致机器人自由度减少，从而停止当前的运动。一般来说，机器人有两类奇异点，分别为臂奇异点（图 3-14（a））和腕奇异点（图 3-14（b））。臂奇异点是指轴 4、轴 5、轴 6 的交点与轴 1 在 Z 轴上交点所处的位置；腕奇异点是指轴 4 和轴 6 处于同一条线上，即轴 5 角度为 0°。

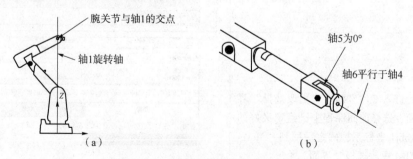

图 3-14　臂奇异点和腕奇异点示意图

（a）臂奇异点；（b）腕奇异点

线性运动指令的命令形式为：

```
MoveL * ,v1000,z50,tool0\WObj:=wobj1;
```

线性运动指令的参数解析见表 3-33。

表 3-33 线性运动指令的参数解析

参数	含义
*	目标点的位置名称，目标点包含六个轴的角度数据
v1000	全自动模式下机器人运动的速度
z50	转弯区的数据，转弯区数值越大，机器人运行越圆滑与流畅
tool0	当前使用的工具坐标系
wobj1	当前使用的工件坐标系

3. 关节运动指令

关节运动指令 MoveJ（参数解析参考表 3-33）适用于对路径精度要求不高的场合，其运动具有不可预测性，它会从当前位置自动计算出最佳路径移动到目标位置，因此，它一般用于精确位置移动之前的大范围快速移动。比如，搬运工作中在取货点与放置点之间的移动。使用关节运动指令能够有效减少运动过程中碰撞机器人的奇异点。

关节运动指令的命令形式为：

```
MoveJ * ,v1000,z50,tool0\WObj:=wobj1;
```

4. 圆弧运动指令

圆弧运动指令（参数解析表见表 3-34）是指机器人在可到达的空间范围内定义 3 个点，分别为圆弧的起点、圆弧的曲率点和圆弧的终点。

由圆弧运动指令的特点可知，圆弧运动的路径是可预测的，可规划的，在应用中经常应用于精确路径控制场合，如规则的圆弧运动或者大范围的圆弧摆动等。

如图 3-15 所示，机器人在可到达范围内沿弧形进行运动，在图示轨迹中，机器人自初始位置 p10 以圆弧运动形式经过曲率点 p20 抵达圆弧的另一个端点 p30。

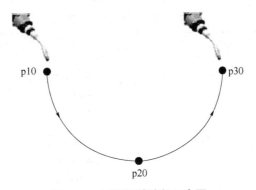

p10

p30

p20

图 3-15 圆弧运动路径示意图

圆弧运动指令的命令形式为：

```
MoveC Point1,Point2,v1000,z50,tool0\WObj:=wobj1;
```

圆弧运动指令参数解析见表 3-34。

表 3-34　圆弧运动指令参数解析

参数	含义
Point1	圆弧运动的曲率点
Point2	圆弧运动的终点
v1000	自动模式下的运动速度数据
z50	转弯区数据
tool0	使用的工具坐标数据
wobj1	使用的工件坐标数据

二、运动轨迹示教编程

运动轨迹示教
编程

在学习了 ABB 机器人的基本运动指令后，下面介绍如何利用基本运动指令实现图 3-16 中的轨迹编程控制。

观察运动轨迹可知，在运动未开始前，TCP 应处于 Home 点等待操作。运动开始后，TCP 点从 Home 点出发，通过关节运动到达 p10 点，以直线运动形式到达 p20 点，以圆弧运动经过曲率点 p30 到达 p40 点，再以直线运动到达 p50 点，以直线运动到达 p10 点。整个路径动作完成后使用绝对位置运动指令返回 Home 点继续等待，详见表 3-35。

图 3-16　基本运动指令
示教编程轨迹

表 3-35　示教编程步骤

序号	描述	步骤
1	在示教器主界面中，选择"程序编辑器"选项。	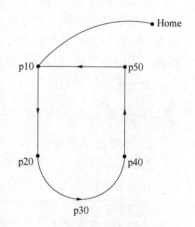

续表

序号	描述	步骤
2	新建一个例行程序 rRoutine1( )。	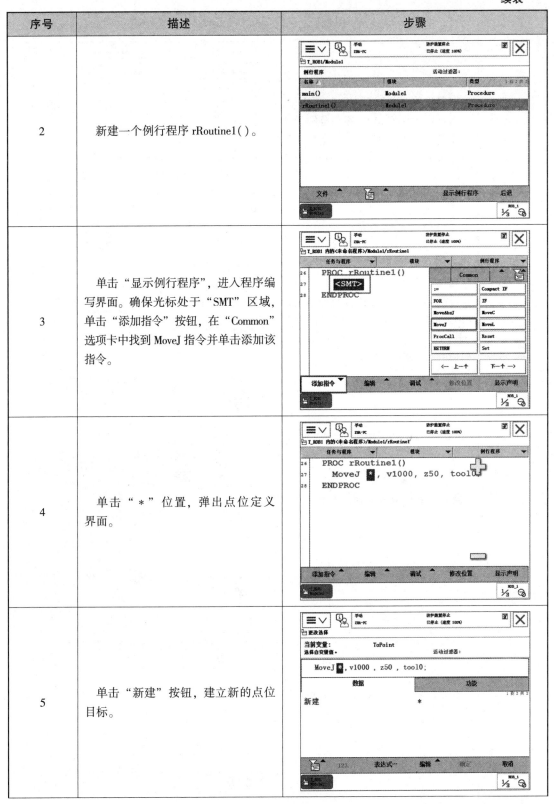
3	单击"显示例行程序",进入程序编写界面。确保光标处于"SMT"区域,单击"添加指令"按钮,在"Common"选项卡中找到 MoveJ 指令并单击添加该指令。	
4	单击"*"位置,弹出点位定义界面。	
5	单击"新建"按钮,建立新的点位目标。	

序号	描述	步骤
6	在弹出的"新数据声明"页面中，命名点位名称为p10，适用范围为全局变量，储存类型为常量，适用于任务 T_ROB1 中的 Module1 模块中。	
7	点位完成建立后，单击"确定"按钮，在 MoveJ 指令的位置数据中选择p10，并单击其他参数，修改速度为200 mm/s，转弯区数据设置为 fine，然后单击"确定"按钮。	
8	在例行程序编辑界面继续添加指令MoveL。	
9	在弹出的页面中选择在"下方"添加指令。	

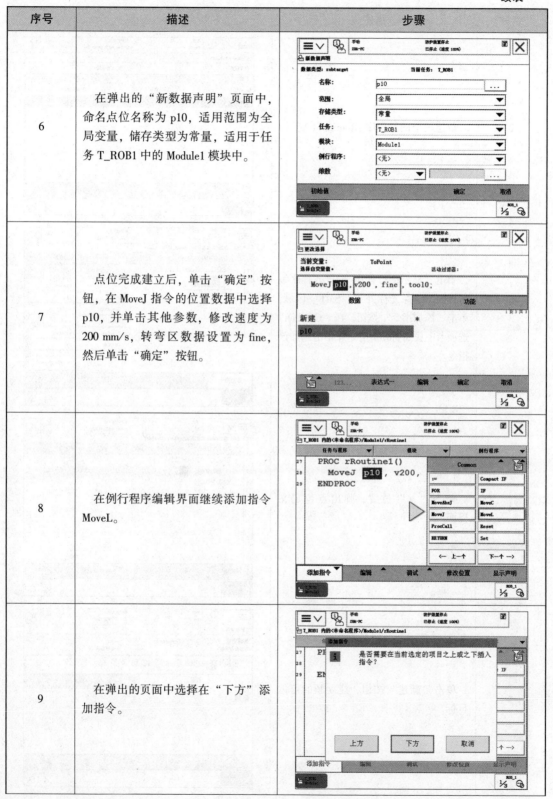

续表

序号	描述	步骤
10	系统会默认选择 p20 点，并且沿用上次使用的速度与转弯区数据，无须修改。	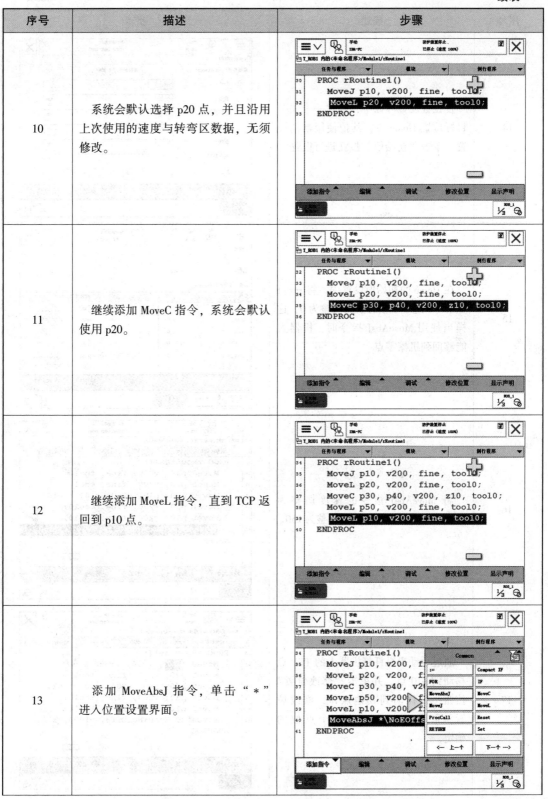
11	继续添加 MoveC 指令，系统会默认使用 p20。	
12	继续添加 MoveL 指令，直到 TCP 返回到 p10 点。	
13	添加 MoveAbsJ 指令，单击"＊"进入位置设置界面。	

序号	描述	步骤
14	在位置设置界面中，新建一个关节目标位置 Home 点，其他使用默认设置。单击"初始值"按钮进行设置。	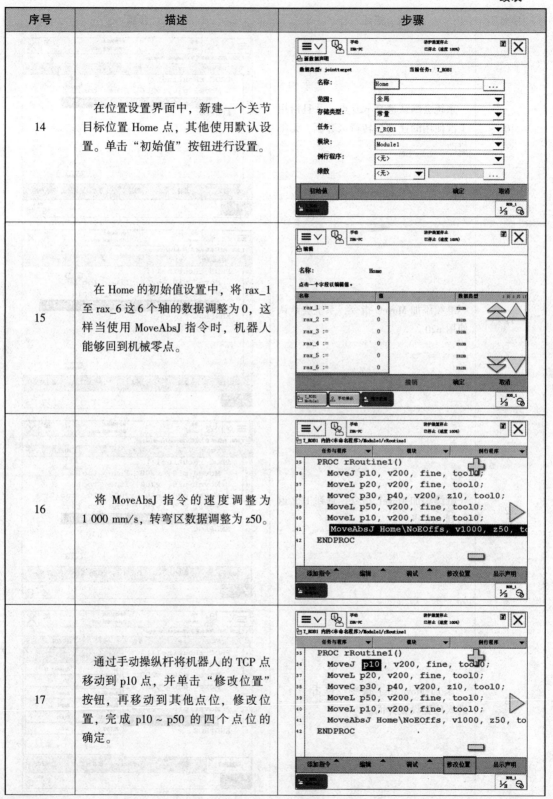
15	在 Home 的初始值设置中，将 rax_1 至 rax_6 这 6 个轴的数据调整为 0，这样当使用 MoveAbsJ 指令时，机器人能够回到机械零点。	
16	将 MoveAbsJ 指令的速度调整为 1 000 mm/s，转弯区数据调整为 z50。	
17	通过手动操纵杆将机器人的 TCP 点移动到 p10 点，并单击"修改位置"按钮，再移动到其他点位，修改位置，完成 p10 ~ p50 的四个点位的确定。	

续表

序号	描述	步骤
18	单击"调试"按钮,选择"PP移至例行程序…"。	
19	选择编辑完成的 rRoutine1 例行程序。	
20	此时指针移到例行程序的第一行程序,该例行程序处于可调试状态。	
21	使用示教器上的单步调试按钮,测试程序各路径是否正常。	

在这里需要注意的是,系统新建指令时,会默认使用上条指令的点位下标加 10 的形式,如 MoveJ 指令中使用了 p10 点,新增 MoveL 指令时,默认选择 p20 点,新增 MoveC 指令时,又会默认选择 p30 和 p40 点。因此,建议大家编写程序时,首先规划好路径并做好点位标记,标记出在示教器中建立完整路径时需要使用的所有点,最后再示教编程。

三、工件坐标系偏移示教轨迹

工件坐标的偏移可以简单理解为切换工件坐标系，以实现示教轨迹的偏移。本节将以三角形轨迹为例，实现三角形轨迹从坐标系 1 至坐标系 2 的偏移，如图 3-17 所示。其两个相同的工件，在不同的坐标系中，工件相对坐标系 1 的位置和工件相对坐标系 2 的位置是相同的，步骤详见表 3-36。

工件坐标系偏移轨迹

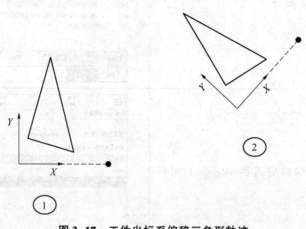

图 3-17　工件坐标系偏移三角形轨迹

表 3-36　利用工件坐标系偏移三角形轨迹步骤

序号	描述	步骤
1	按照表 2-18 完成工件坐标系 "wobj1" 和 "wobj2" 的建立和定义。	
2	"wobj1" 和 "wobj2" 中将 "用户方法" 设定为 "3 点"，其中点 X_1、X_2 和 Y_1 位置如图所示。	

序号	描述	步骤
3	在手动操纵界面中选择对应的工件坐标系"wobj1"，新建例行程序"sanjpiany"；先完成三角形轨迹的示教编程，如图所示。	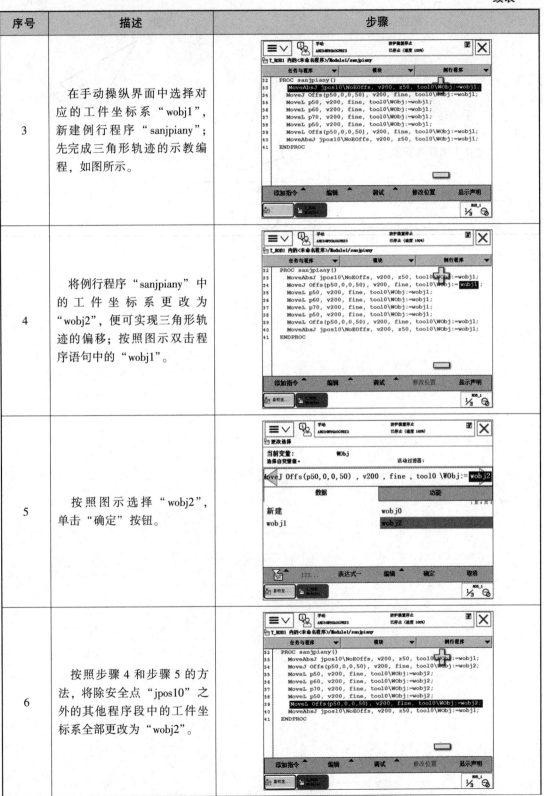
4	将例行程序"sanjpiany"中的工件坐标系更改为"wobj2"，便可实现三角形轨迹的偏移；按照图示双击程序语句中的"wobj1"。	
5	按照图示选择"wobj2"，单击"确定"按钮。	
6	按照步骤4和步骤5的方法，将除安全点"jpos10"之外的其他程序段中的工件坐标系全部更改为"wobj2"。	

序号	描述	步骤
7	手动运行例行程序，在运行过程中会发现三角形的轨迹从①偏移到了②。	

任务五　搬运工作站示教编程

【励志微语】

有志者立长志，无志者长立志。

【学习目标】

掌握 ABB 工业机器人的常用基本指令，能够区别 Offs 与 RelTool 偏移指令；完成搬运工作站的程序结构设计、程序编制与调试。

【任务描述】

工业机器人在工具库中 A 点自行安装末端执行器，再将 B 点工件搬运至指定工位 C 点，然后再将末端执行器放回工具库 A 点。根据任务知识库内容完成搬运工作站路径分析、编程与调试等，最终实现整个搬运工作站的自动运行。

【任务知识库】

RAPID 程序中包含很多控制机器人运动的指令，执行这些指令可以实现机器人的动作控制。使用主程序与子程序进行程序相互调用，从而实现搬运工作站的基本搬运程序的编辑与调试。

一、常用基本指令

等待与偏移指令

1. WaitDI 数字输入信号判断指令

WaitDI 指令用于判断数字输入信号是否与目标值一致。如图 3-18 所示，程序将等待 DI0 的值为 1。如果 DI0 的值为 1，则程序继续往下执行，如果达到最大等待时间 300 s（等待时间可以修改）以后，DI0 的值还是 0，则程序将会报警或进入出错处理程序。

2. WaitDO 数字输出信号判断指令

WaitDO 指令用于判断数字输出信号是否与目标值一致，如图 3-19 所示，程序将等待 DO1 的值为 1。如果 DO1 的值为 1，则程序继续往下执行；如果达到最大等待时间 300 s（等待时间可以修改）以后，DO1 的值还是 0，则程序会报警或进入出错处理程序。

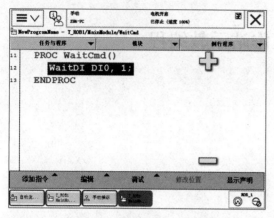

图 3-18　WaitDI 指令的应用

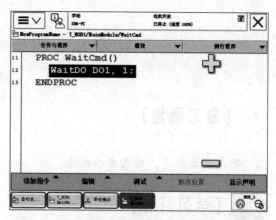

图 3-19　WaitDO 指令的应用

3. WaitGI 组输入等待指令

用于等待，直到已设置数字量信号输入信号值。

> WaitGI　gi1,5;

仅在组输入信号 gi1 的值是 5 后，继续程序执行。

4. WaitAI 模拟量输入等待指令

用于等待，直到已设置模拟量信号输入信号值。

> WaitAI　ai1,\GT,5;

仅在模拟量输入信号 ai1 的值大于 5 之后，方可继续程序执行。

其中，GT 即 Greater Than，LT 即 Less Than。

5. WaitUntil 信号判断指令

WaitUntil 指令用于布尔量、数字量或其他 I/O 信号值的判断。如图 3-20 所示，如果 DI0 的值为 0 的条件满足，则程序继续往下执行，否则将会一直等待，除非设置了最大等待时间。

图 3-20　WaitUntil 指令的应用

6. Set 数字信号置位指令

Set 指令是将数字输出（Digital Output）信号置位为 1，在使用过程中，指令格式如下：

Set Do1；

当机器人执行该指令时，数字量输出 Do1 将会被置位。

7. Reset 数字信号复位指令

Reset 指令是将数字输出（Digital Output）信号复位为 0，在使用过程中，指令格式如下：

Reset Do1；

当机器人执行该指令时，数字量输出 Do1 将会被复位。

特别提示：如果在 Set、Reset 指令前有运动指令 MoveL、MoveJ、MoveC 或 MoveAbsJ 的转弯区数据，必须使用 fine 才可以准确地输出 I/O 信号状态的变化，否则，信号会被提前触发。

8. SetAO

用于改变模拟量信号输出信号的值。

SetAO ao1，10.5；

将信号 ao1 的值设置为 5.5。

9. SetDO

用于改变数字量信号输出信号的值。

SetDO do1，1；

将信号 do1 的值设置为 1。

10. SetGO

用于改变一组数字量信号输出信号的值。

SetGO go1，13；

将信号 go1 的值设置为 13。如果 go1 占用 8 个地址位，则 go1 输出信号的地址位的第 1 位和第 4~7 位设置为 0，地址位的第 0、2 及 3 位为 1，即地址的二进制编码为 0000 1101。

11. Offs 位置偏移函数

Offs 函数用于对机器人位置进行偏移，用于在一个机械臂的位置工件坐标系中添加一个偏移量，Offs(Point，x，y，z)代表一个离 Point 点 X 轴偏差量 x、Y 轴偏差量 y、Z 轴偏差量 z 的点。例如，假定空间存在定义的 p10 点，它的坐标的值为(100，100，100)，MoveL offs (p10，0，0，10)，v1000，z50，tool0；这条指令中，Offs 函数在执行过程中是将 p10 点的坐标经过计算得出新的坐标，新坐标点无须专门定义，它的坐标的值就是在 p10 点的基础上加上偏移量，得到新的坐标，也就是(100，100，110)。它就表示将机械臂线性移动至距 p10 点沿工具坐标系 tool0 中 Z 轴正方向 10 mm 的位置。

函数是有返回值的，即调用此函数的结果是得到某一数据类型的值，在使用时不能单独作为一行语句，需要通过赋值或者作为其他函数的变量来调用。

```
MoveL Offs(p10,0,0,20),v1000,z50,tool0\WObj:=wobj1;
```

这里的 Offs 函数指令是作为 MoveL 指令的一个变量来调用的。该指令的含义是用直线运动形式移动到 p10 点 Z 轴正方向上偏移 20 mm 的位置。

```
p100 := Offs(p10,0,0,50);
```

这里的 Offs 函数指令即是通过赋值进行调用的。该指令的含义是将 p100 点的坐标位置设置为 p10 点 Z 轴正方向上偏移 50 mm 的位置。

12. RelTool 工具位置及姿态偏移函数

RelTool 指令在作为位置函数时与 Offs 函数类似，但它增加了姿态偏移参数（参数解析见表 3-37）。

表 3-37　RelTool 函数参数解析

参数	定义	备注
p10	目标点的位置数据	
0，0，10	分别为 X、Y、Z 三个轴上的偏移数据	通过正负号的控制可以修改方向
v100	移动的速度	mm/s
fine	精准到达目标点	
Rx、Ry、Rz	沿目标轴(X,Y,Z)旋转	通过赋值命令实现旋转角度的定义

比较下面两条指令：

```
MoveL RelTool(p10,0,0,10),v100,fine,tool0\WObj:=wobj1;
```

沿着工具坐标系 tool0 的 Z 轴，将机械臂移动到距离 p10 点 10 mm 的位置。

```
MoveL RelTool(p10,0,0,10\\Rz:=90),v100,fine,tool0\WObj:=wobj1;
```

沿着工具坐标系 tool0 的 Z 轴，将机械臂移动到距离 p10 点 10 mm 的位置并且绕 Z 轴旋转 90°。

二、搬运编程应用

在实际应用中，某一个例行程序的功能可能会多次被调用，如果在主程序中重复编写某个功能，将会造成程序非常冗长。因此，利用上面学的知识将功能细化，根据完整的工作流程分解和提取出相对独立的小功能并编写相应的例行程序，在流程重复时，只需要反复调用相应的例行程序就可以了。RAPID 语言中设置了调用例行程序的专用指令。

1. 程序结构设计

如图 3-21 所示，机器人搬运编程是将物料从搬运起始点 p10 点移至搬运目标点 p20。在工作开始后，机器人的 TCP 首先以关节运动的形式从 Home 点出发前往中间点 JQ，然后以关节运动形式自 JQ 移动到 p10 点的正上方 20 mm 处，线性运动至 p10 后，吸盘工具吸取物料，再返回至上方 20 mm 处，以关节运动形式移动到中间点 JQ 后，再移动到放置点 p20 正上方 20 mm 处，线性下降到 p20 点后放置物料，再上升至正上方 20 mm 处以关节运动返回到 Home 点完成本次搬运。

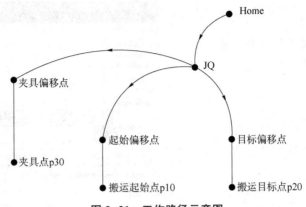

图 3-21 工作路径示意图

在搬运的过程中，机器人还要前往夹具库拾取搬运的工具——吸盘。因此，任务可以分为 5 个例行程序，见表 3-38。

表 3-38 搬运程序结构表

序号	程序名	用途
1	main( )	主程序，每个模块有且只有一个，用于调用其他例行程序
2	rInit( )	初始化程序，将所有输入输出点恢复到初始状态
3	GetTool( )	工具拾取程序，用于操作机器人在工具库拾取吸盘工具
4	PutTool( )	工具释放程序，用于操作机器人在工具库释放吸盘工具
5	Mworkpiece( )	工件搬运程序，用于操作机器人将物料从 p10 移动到 p20

通过模块化设计整个搬运程序框架，其具体步骤见表 3-39。

表 3-39 程序设计步骤

序号	描述	步骤
1	打开程序编辑器的"例行程序"选项卡，这里有默认的 main( ) 程序。	

序号	描述	步骤
2	单击"文件"按钮，选择"新建例行程序…"。	
3	在弹出的例行程序创建页面中，修改例行程序名称为"rInit"，单击"确定"按钮。	
4	这样就创建了 rInit（ ）的空白例行程序。	
5	使用同样方法创建 GetTool（ ）、PutTool（ ）和 Mworkpiece（ ）三个例行程序。	

2. ProcCall 调用例行程序

由图 3-11 可知，机器人在搬运的过程中首先是拾取夹爪，然后搬运工件到 p20 点，再释放夹具至工具库中。ProcCall 是 RAPID 语言中的例行程序调用专用指令。以搬运工序中的例行程序调用为例，其具体步骤见表 3-40。

表 3-40　ProcCall 调用例行程序步骤

序号	描述	步骤
1	打开程序编辑器的"例行程序"选项卡，选中 main( ) 例行程序并单击进入程序编辑界面。	
2	初始显示所有例行程序，可以单击"隐藏声明"按钮隐藏其他程序。	
3	首先，选中"！Add your code here"，单击"编辑"按钮，选中"删除"，将蓝色光标覆盖的字样删除。 然后，单击"添加指令"按钮，在"Common"选项卡下选择"ProcCall"命令。	

序号	描述	步骤
4	在弹出的例行程序选择页面中选择 rInit() 程序，单击"确定"按钮。	
5	在弹出的插入位置选择对话框中选择"下方"插入，完成 rInit() 例行程序的调用。	
6	使用"编辑"→"删除"命令删除第一行的注释程序，然后按以上操作方式依序分别调用 GetTool()、Mworkpiece() 和 PutTool() 三个例行程序。	

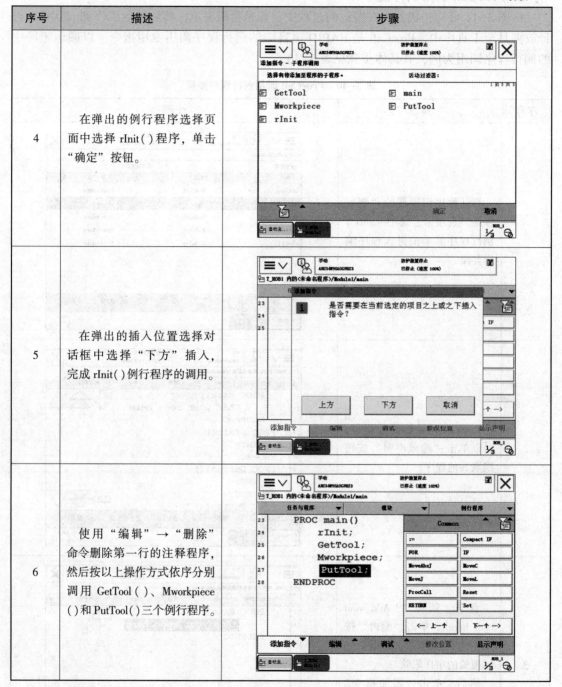

3. 搬运程序设计

在程序结构明晰之后，需要对例行程序进行程序设计。在搬运工作中，机器人需要夹取或者释放吸盘工具，吸盘也要吸取和释放工件，因此，在搬运工作站中需要使用到的输入输出点见表 3-41。

搬运工作站程序设计

表 3-41　工业机器人 I/O 信号表

序号	信号地址	信号名称	信号含义
1	8	DO10-9	数字量输出信号，用于控制安装夹具
2	9	DO10-10	数字量输出信号，用于控制夹具夹爪开合
3	10	DO10-11	数字量输出信号，用于控制夹具抽真空

机器人搬运起始等待点为 Home 点，机器人搬运过程中的中间点为 JQ 点，搬运目标起始点为 p10，搬运目标点为 p20，吸盘夹具所在点为 p30。

搬运工作站任务的编程顺序见表 3-42。

表 3-42　搬运工作站编程

序号	描述	步骤
1	打开程序编辑器中的"例行程序"选项卡。	
2	打开初始化程序 rInit( )，完成程序设计，使机器人运行后首先恢复初始状态，包括位置的初始状态以及 I/O 点的初始状态。	
3	打开 GetTool 程序，完成程序设计，操作机器人使其经 JQ 过渡点移动到工具库中点 p30 拾取吸盘工具。为了让夹具有足够的时间拾取吸盘，在置位 DO10-9 信号前后分别设置 0.5 s 的动作等待时间。	

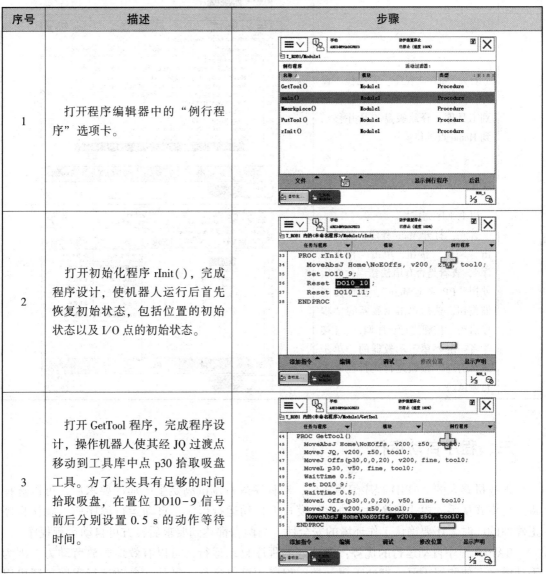

139

序号	描述	步骤
4	打开 Mworkpiece 程序，完成程序设计，使机器人按照已知路径进行移动，完成工件的移动，完成后回到等待点等待下一步操作。	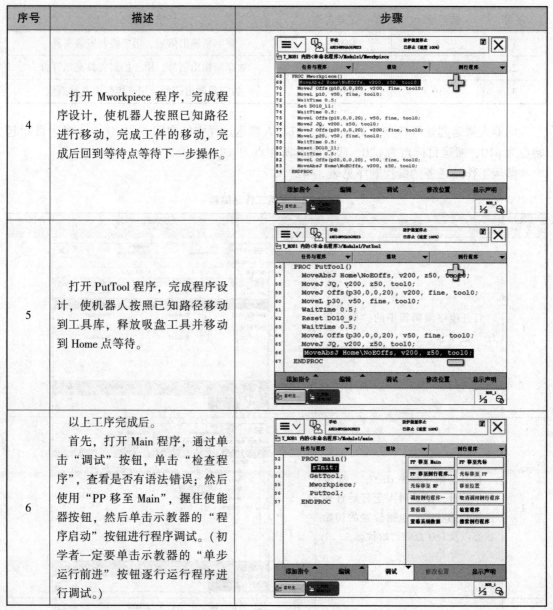
5	打开 PutTool 程序，完成程序设计，使机器人按照已知路径移动到工具库，释放吸盘工具并移动到 Home 点等待。	
6	以上工序完成后。 首先，打开 Main 程序，通过单击"调试"按钮，单击"检查程序"，查看是否有语法错误；然后使用"PP 移至 Main"，握住使能器按钮，然后单击示教器的"程序启动"按钮进行程序调试。（初学者一定要单击示教器的"单步运行前进"按钮逐行运行程序进行调试。）	

三、程序自动运行

工业机器人的 RAPID 程序编写完成，对程序进行调试满足生产加工要求后，可以选择将运行模式从手动模式切换到自动运行模式下自动运行程序。自动运行程序前，确认程序正确性的同时，还要确认工作环境的安全性。当两者都达到要求后，方可自动运行程序。

RAPID 程序自动运行的优势：调试好的程序自动运行，可以有效地解放劳动力。因为手动模式下使能器需要一直处于第一挡，程序才可以运行；另外，自动运行程序，还可以有效地避免安全事故的发生，主要是因为自动运行下的工业机器人处于安全防护栏中，操作人员均处于安全保护范围内。

完成搬运工作站运动轨迹示教编程程序的编写，单步运行调试后，确保机器人姿态移动的准确性，检查机器人周围环境，保障机器人运行范围内安全无障碍。实现程序的自动运行操作详见表 3-43。

表 3-43　程序自动运行步骤

序号	描述	步骤
1	将程序指针移至 main 程序首行，然后将运行模式切换至自动模式。	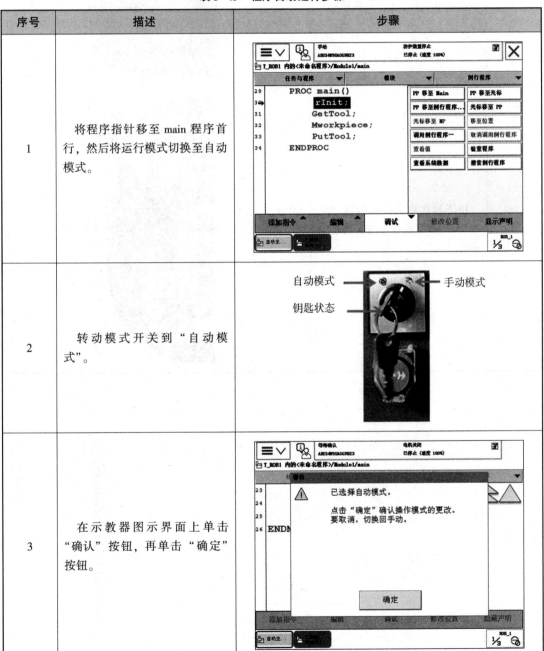
2	转动模式开关到"自动模式"。	
3	在示教器图示界面上单击"确认"按钮，再单击"确定"按钮。	

序号	描述	步骤
4	按下电动机上电白色按钮。	
5	按下程序调试控制按钮"连续"，即可完成程序的自动连续运行。	

项目四

码垛工作站编程与操作

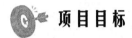 **项目目标**

掌握赋值、加减、IF 条件判断、特殊指令等指令功能，掌握例行程序以及指令的执行方式（步进模式）；能根据要求完成相应任务的编程与调试；

掌握典型 Function 函数的结构，能根据任务完成 Function 函数的编程与调试；掌握触发中断、处理中断、结束中断等完整的中断过程，能根据任务中断或停止程序的编程与调试；

掌握 FOR 重复执行判断指令的适用情景、步幅 STEP 设置的用法与意义；能结合任务利用 FOR 重复执行判断指令完成单排码垛的编程与调试任务；

掌握 WHILE 循环判断指令的适用情景、进入或跳出 WHILE 语句的条件；能结合任务利用 WHILE 循环判断指令完成立体码垛的编程与调试任务；

理解数组的定义与分类，掌握数组的基本功能与创建流程；能够完成工件数组的创建，掌握利用数组功能完成码垛工作站的程序结构设计、编程与调试。

 X 证书考点

1. 能熟练调用工业机器人中断程序；
2. 能正确使用动作触发指令；
3. 能正确调用 Function 函数；
4. 能完成工业机器人码垛典型工作任务的程序编制与调试。

143

工业机器人现场编程（ABB）

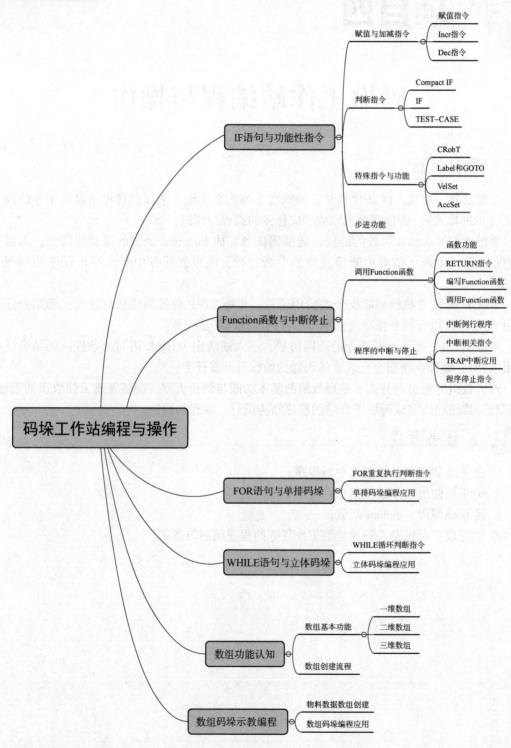

　　码垛，就是按照一定的摆放顺序与层次把货物整齐地堆叠在一起。物件的搬运和码垛是现实生活中常见的一种作业形式，此种作业形式劳动强度通常而言较大，危险性较高。目前，在国内外已经逐步地使用工业机器人替代人工劳动，提高了工作效率，减少了工人的危险性，很好地体现了现代生产技术的先进性。码垛工作站的优势是具有节约仓库面积、提高工作效率、节约人力资源、货物堆放整齐、适应性强等。

　　一般而言，码垛机器人工作站是一种高度集成化的成品系统，包括工业机器人、控制器、示教器、机器人夹具、托盘输送、定位设备等。更有一些先进的码垛工作站具备自动称重、贴标签、检测、通信等功能，并与生产系统相连，形成一套完备的自动化生产系统。图 4-1 所示为一个模拟码垛功能的工作站。

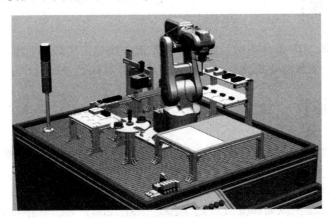

图 4-1　码垛工作站

任务一　IF 语句与功能性指令

【励志微语】

行动是通向成功的唯一途径。

【学习目标】

掌握赋值、加减、IF 条件判断、特殊指令等指令功能，掌握例行程序以及指令的执行方式（步进模式）；能根据要求完成相应任务的编程与调试。

【任务描述】

任务 1：现有一个班级成绩为百分制（0~100），需要通过编程实现等级制（A/B/C…）的转换。

任务 2：如果任务实施过程中，工业机器人在运动过程中读取当前点的位置数据，用于校准其姿态。当读取某一点的位置数据是（200，200，200）时，程序指针会自动跳转到带跳转标签 rHome 的位置，开始执行 Routine2 的子程序；使用 VelSet 设定 TCP 的速率不超过 300 mm/s，编程速率降至指令中值的 60%。

【任务知识库】

一、赋值与加减指令

赋值与加减指令

1. 赋值指令

":="赋值指令用于对程序数据进行赋值。赋值可以是一个常量或数学表达式。

（1）常量赋值，如图 4-2 和图 4-3 所示。

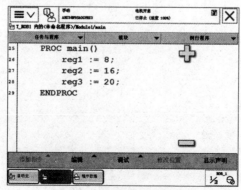

图 4-2　常量赋值指令程序

程序解析：

常量 8 赋给变量 reg1；

常量 16 赋给变量 reg2；

常量 20 赋给变量 reg3。

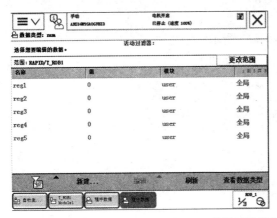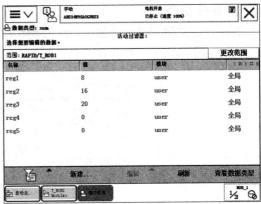

图 4-3　常量赋值指令程序运行前后数据值

（2）表达式赋值，如图 4-4 和图 4-5 所示。

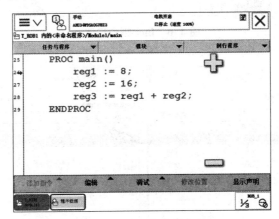

图 4-4　表达式赋值指令程序

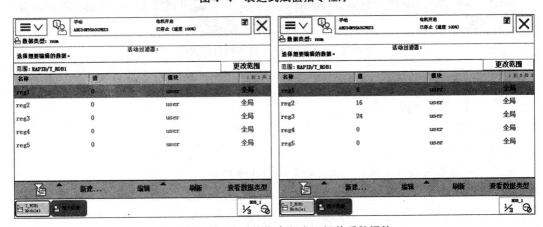

图 4-5　表达式赋值指令程序运行前后数据值

程序解析：

常量 8 赋给变量 reg1；

常量 16 赋给变量 reg2；

将表达式 reg1、reg2 相加后的值赋给变量 reg3。

2. Incr 指令

Incr 指令是将变量自动加 1，如图 4-6 和图 4-7 所示。

如：Incr reg1 表示每次执行到此行指令，reg1 自动加 1。

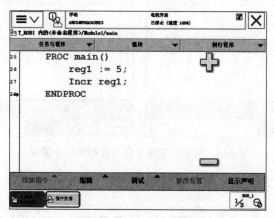

图 4-6　Incr 指令程序

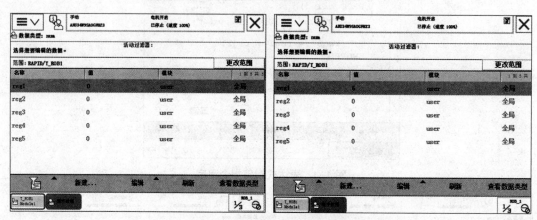

图 4-7　Incr 指令程序运行前后数据值

程序解析：

常量 5 赋给变量 reg1；

reg1 自动加 1。

3. Dec 指令

Decr 指令是将变量自动减 1，如图 4-8 和图 4-9 所示。

如：Decr reg2 表示每次执行到此行指令，reg2 自动减 1。

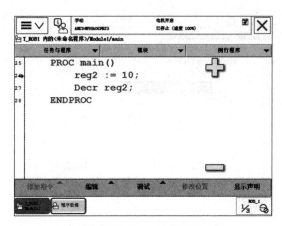

图 4-8 Decr 指令程序

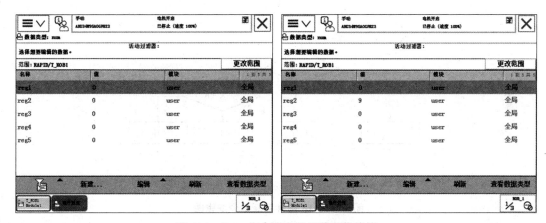

图 4-9 Decr 指令程序运行前后数据值

程序解析：

常量 10 赋给变量 reg2；

Reg2 自动减 1。

Compact IF 与
IF 指令

二、判断指令

1. Compact IF 紧凑型条件判断指令

Compact IF 紧凑型条件判断指令用于当一个条件满足了以后，就执行一句指令，如图 4-10 所示。

程序解析：如果 flag1 的状态为 2，则 reg1 被赋值为 8。

2. IF 条件判断指令

IF 条件判断指令，就是根据不同的条件去执行不同的指令。不管有几个分支，依次判断，当某条件满足时，执行相应的语句块，其余分支不再执行；若条件都不满足，并且有 ELSE 子句，则执行该语句块，否则什么也不执行，如图 4-11 和图 4-12 所示。

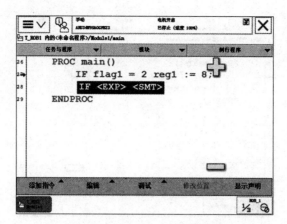

图 4-10　Compact IF 指令程序

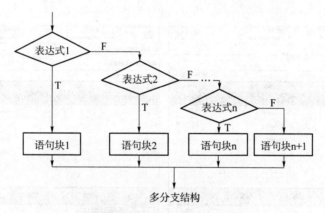

图 4-11　IF 条件判断指令逻辑图

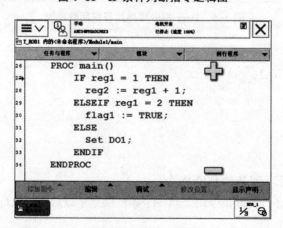

图 4-12　IF 指令程序

程序解析：

如果 reg1 为 1，则表达式 reg1+1 赋给 reg2；

如果 reg1 为 2，则 TRUE 赋给 flag1；

除了以上两种条件之外，则执行 DO1 置位为 1。

IF 条件判定的条件数量可以根据实际情况进行增加与减少，其步骤见表 4-1。

表 4-1 IF 条件判断指令条件数量增减步骤

序号	描述	步骤
1	单击 IF 语句首行，选中 IF 语句整体。	
2	再次单击 IF 语句首行。通过单击"添加 ELSE"或"添加 ELSEIF"按钮实现对语句的添加。	
3	完成 IF 语句的编辑。	
4	选择"ELSE"或"ELSEIF"语句可实现对相应语句的增减。	

3. TEST-CASE 指令

TEST-CASE 是根据指定变量的判断结果，执行对应的程序，如图 4-13 所示。

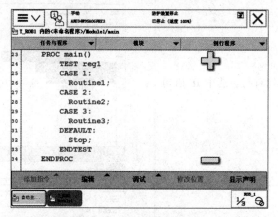

图 4-13　TEST 指令程序

程序解析：

判断 reg1 的数值，当 reg1 = 1 时，执行程序 Routine1；当 reg1 = 2 时，执行程序 Routine2；当 reg1 = 3 时，执行程序 Routine3；否则，执行 Stop 指令。

三、特殊指令与功能

1. CRobT 功能

CRobT 是读取当前机器人目标点的位置数据，常用于将其位置数据赋给某个点，例如：

```
PERS    robtarget   P10;
P10:=CRobT(\:=tool1\WObj:=wobj1)
```

工业机器人会读取当前机器人目标点的位置数据，其指定的工具数据为 tool1，工件坐标系数据为 wobj1。

如不指定，则默认的工具数据为 tool0，默认的工件坐标系数据为 wobj0，将读取的目标点数据赋给 P10。

2. Label 和 GOTO 指令

Label 指令用于标记程序中的指令语句，相当于一个标签，一般作为 GOTO 指令的变元与其成对使用，从而实现程序从某一位置到标签所在位置的跳转。Label 指令与 GOTO 指令成对使用时，一定要注意两者标签 ID 要相同。

在执行 Routine1 程序的过程中，当条件判断指令 Di = 1 时，程序指针会跳转到带跳转标签 rHome 的位置，开始执行 Routine2 的子程序。

```
MODULE    Module1
  PROC    Routine1( )
    rHome：                        //跳转标签位置
    Routine2;
```

```
    IF   Di=1   THEN
        GOTO   rHome;//跳转指令,跳转到标签 rHome 的位置
      ENDIF
    ENDPROC
    PROC   Routine2( )
      MoveJ   P100,v200,z50,tool0;
      MoveL   P200,v200,fine,tool0;
    ENDPROC
  ENDP MODULE
```

3. 速度设定指令 VelSet

VelSet 用于设定最大的速度和倍率，此指令仅可用于主任务 T_ROB1 中。如果在 Multi-Move 系统中，则可以用于运动任务中。

```
MODULE   Module1
  PROC   Routine1( )
    VelSet   60,500;
    MoveL   P100,v1000,z100,tool0;
    MoveL   P200, v1000,z100,tool0;
    MoveL   P300, v1000,z100,tool0;
    MoveL   P400, v1000,z100,tool0;
  ENDPROC
ENDP MODULE
```

此段程序中，VelSet 指令的作用是将所用编程速率降至指令中值的 60%，但不准许 TCP 的速率超过 500 mm/s，即点 p100、p200、p300 和 p400 的速率是 500 mm/s。

4. 加速度设定指令 AccSet

AccSet 可以定义工业机器人的加速度，准许增加或降低加速度，使机器人移动更加顺畅。此指令仅可用于主任务 T_ROB1 中，或者如果在 MultiMove 系统中，则可以用于运动任务中。

```
 AccSet   50,100;
```

该指令的作用是将加速度限制到正常值的 50%。

```
 AccSet   100,50;
```

该指令的作用是将加速度斜线限制到正常值的 50%。

四、步进功能

ABB 工业机器人设置例行程序以及指令的执行方式称为步进模式，分别为步进入、步进出、跳过以及下一步行动。步进模式与步进键相关，如图 4-14 所示。

步进入：常规单步逐行的运行程序指令。

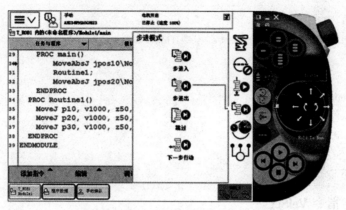

图 4-14　步进模式

步进出：当程序运行至调用例行程序里面时，按步进键将运行完剩余的程序。（当运行完 p10 时，按一次步进键将运行 Routine1 剩余的全部程序，并调回 main。）

跳过：运行调用的例行程序时，将运行整个程序。（当运行完 jpos10 时，按一次步进键将运行完整个 Routine1 程序，再跳回 main。）

下一步行动：只运行运动指令。

任务二 Function 函数与中断停止

【励志微语】

Function 函数

不被嘲笑的梦想，是不值得去实现的。

【学习目标】

掌握典型 Function 函数的结构，能根据任务完成 Function 函数的编程与调试；掌握触发中断、处理中断、结束中断等完整的中断过程，能根据任务中断或停止程序的编程与调试。

【任务描述】

编写一个判断任意输入数据所处区间范围的函数。当输入数据在 0~10 区间内时，其返回值为 10；当输入数据在 11~20 区间内时，其返回值为 20；当输入数据在 21~30 区间内时，其返回值为 30。在函数程序执行过程中，当发生需要紧急处理的情况时，需要中断当前执行的程序，跳转程序指针到对应的程序中，对紧急情况进行相应的处理。

【任务知识库】

一、调用 Function 函数

1. 函数功能

图 4-15 所示为一个典型函数的结构，通过观察可以发现函数包含输入变量、输出返回值和程序语句三个要素。

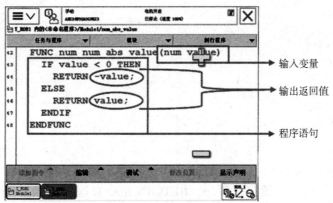

图 4-15 函数结构

假如需要定义一个功能为判断任意输入数据所处的区间范围（0~10，1~20，21~30）的函数，以此函数的编写为例讲解分析其思路。

首先，根据函数功能要求明确输入变量：输入的是一个待比较的数，再根据更详细的功能需求可以进一步确定这个数的数据类型，比如 intnum、num；是变量还是可变量等。最后设计变量的初始值，可以参照前面介绍的方法进行变量定义。

然后分析实现函数功能的程序语句如何编写。函数功能要求获取输入变量所在的区间，因此要使用不等式作为判断三个区间的条件，可以选用 IF 或 TEST 指令完成判断，并在判断出所在区间之后通过 RETURN 指令返回一个代表判断结果的值。

最后，明确返回值的要求和数据类型。对返回值的要求是：让外界识别通过判断得出的结果。因此，可以将数据的三个区间的对应返回值分别设置为 10、20、30。

在实际应用时，根据具体情况判断对函数三个要素的要求，进而完成程序设计。

2. RETURN 指令

RETURN 指令（图 4-16）用于函数中可以返回函数的返回值，此指令也可完成 Procedure 型例行程序的执行，两种用法的具体情况详见下文。

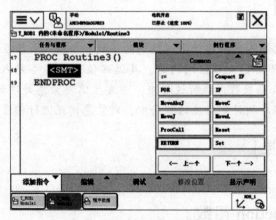

图 4-16　RETURN 指令

举例说明：

```
Errormessage;
Set do1;
…
PROC Errormessage( )
  IF di1 =1 THEN
    RETURN;
  ENDIF
  TPWrite"Error";
ENDPROC
```

首先调用 Errormessage 程序，如果程序执行到达 RETURN 指令（即 di1 =1 时），则直接返回 Set do1 指令行往下继续执行程序。RETURN 指令在这里完成了 Errormessage 程序的执行。

举例说明：

```
FUNC num abs_value(num value)
  IF   value<0   THEN
    RETURN - value;
  ELSE
    RETURN value;
  ENDIF
ENDFUNC
```

此时，该程序是一个函数，RETURN 指令使得该函数返回某一数字的绝对值。

3. 编写 Function 函数

完成编写一个判断任意输入数据所处区间范围（0~10，1~20，21~30）的函数。此函数实现的功能：当输入数据在 0~10 区间时，其返回值为 10；输入数据在 11~20 区间时，其返回值为 20；输入数据在 21~30 区间时，其返回值为 30。步骤详见表 4-2。

表 4-2　编写 Function 函数步骤

序号	描述	步骤
1	首先，新建一个名称为"panduan"的 Function 函数程序，然后在"类型"下拉菜单中选择"功能"；最后单击图示参数"…"按钮，设置函数参数。	
2	在图示界面中，打开"添加"菜单，单击"添加参数"命令。	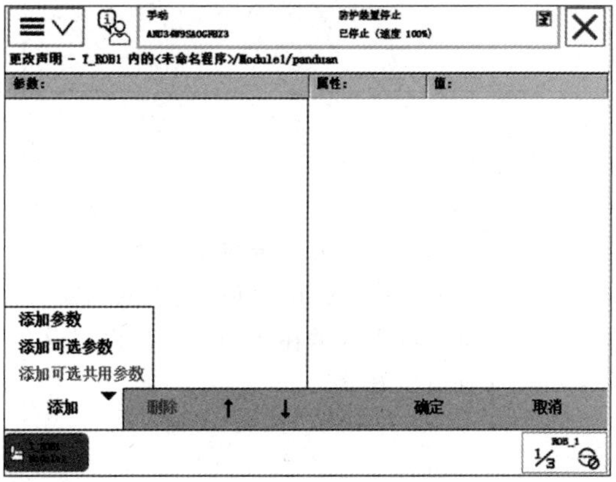

序号	描述	步骤
3	按照图示，在"添加函数"界面输入参数"QuJian"，数据类型为"num"（参数名称可以自己设定）。	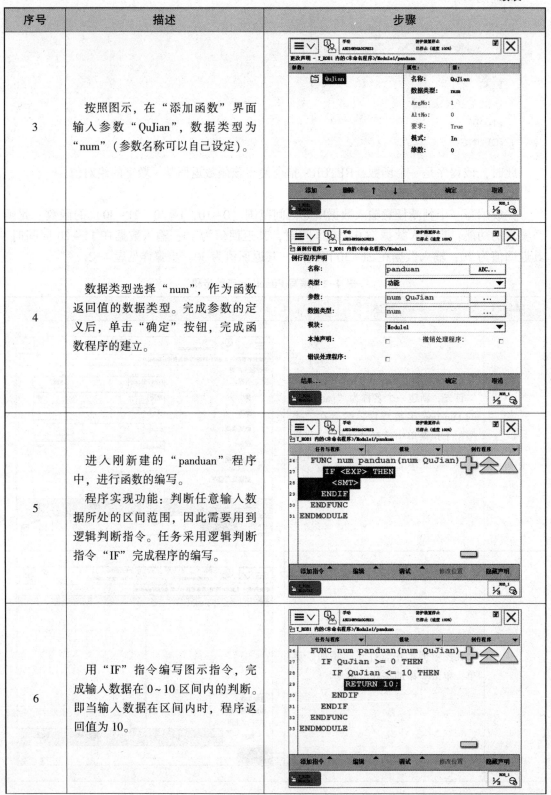
4	数据类型选择"num"，作为函数返回值的数据类型。完成参数的定义后，单击"确定"按钮，完成函数程序的建立。	
5	进入刚新建的"panduan"程序中，进行函数的编写。 程序实现功能：判断任意输入数据所处的区间范围，因此需要用到逻辑判断指令。任务采用逻辑判断指令"IF"完成程序的编写。	
6	用"IF"指令编写图示指令，完成输入数据在 0~10 区间内的判断。即当输入数据在区间内时，程序返回值为 10。	

序号	描述	步骤
7	选中图示"IF"指令并单击，进行 ELSEIF 的添加。	
8	单击图示中的"添加 ELSEIF"按钮，便可以添加条件分支。	
9	通过添加 IF、ELSEIF 及 RETURN 指令的应用，完成图示程序的编写。 此程序实现了输入数据"QuJian"在 0~10/11~20/21~30 区间范围内的判断。	

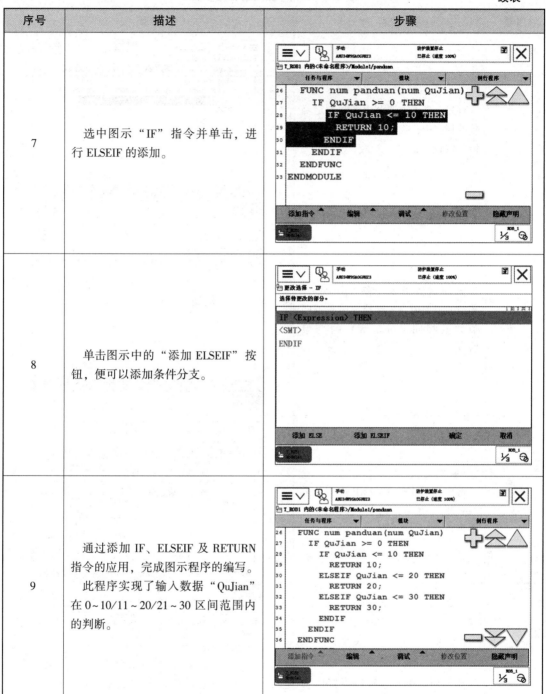

4. 调用 Function 函数

任务主要通过程序编写实现机器人运动到"p10"位置时，调用区间判定函数"panduan"，对输入数据"QuJian"进行区间判断后，将其返回值赋值给组信号 Go1，其步骤详见表 4-3。

表 4-3　调用 Function 函数步骤

序号	描述	步骤
1	首先，进入需要调用区间判定函数的程序中，找到需要调用函数的语句位置。	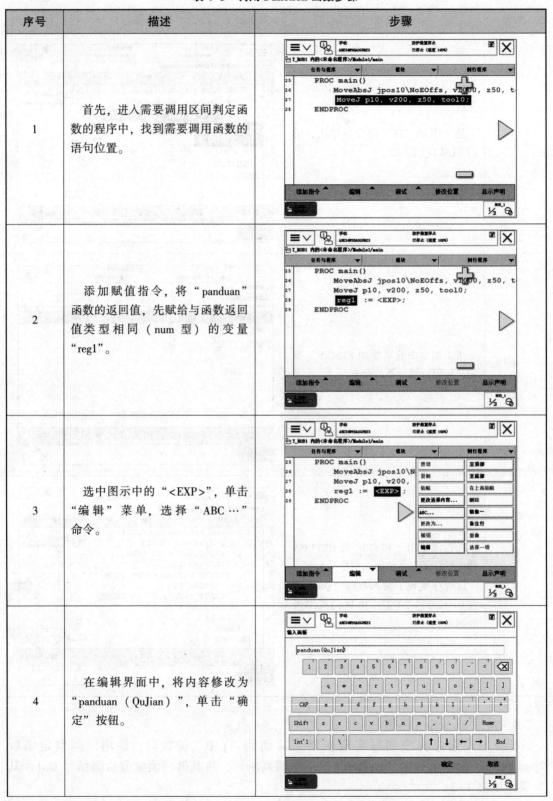
2	添加赋值指令，将"panduan"函数的返回值，先赋给与函数返回值类型相同（num 型）的变量"reg1"。	
3	选中图示中的"<EXP>"，单击"编辑"菜单，选择"ABC …"命令。	
4	在编辑界面中，将内容修改为"panduan（QuJian）"，单击"确定"按钮。	

续表

序号	描述	步骤
5	赋值指令语句如图所示，至此完成"panduan"函数的调用。同时，需要将 reg1 的值赋给组信号 Go1。	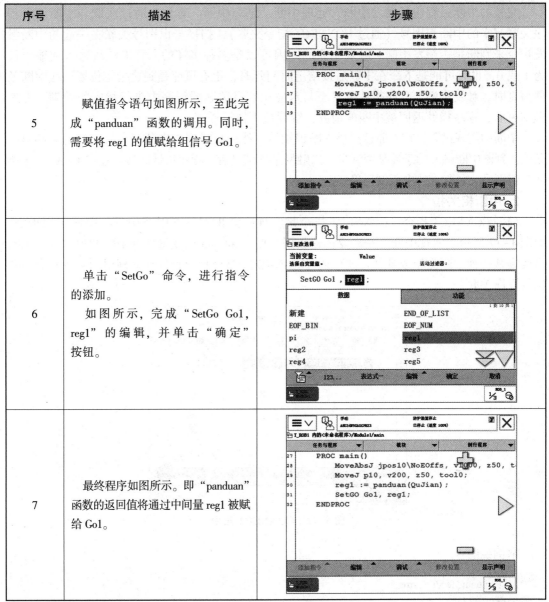
6	单击"SetGo"命令，进行指令的添加。 如图所示，完成"SetGo Go1，reg1"的编辑，并单击"确定"按钮。	
7	最终程序如图所示。即"panduan"函数的返回值将通过中间量 reg1 被赋给 Go1。	

二、程序的中断与停止

1. 中断例行程序

在程序执行过程中，当发生需要紧急处理的情况时，需要中断当前执行的程序，跳转程序指针到对应的程序中，对紧急情况进行相应的处理。中断就是指正常程序执行过程的暂定，跳过控制，进入中断例行程序的过程。中断过程中用于处理紧急情况的程序，称作中断例行程序（TRAP）。中断例行程序经常被用于出错处理、外部信号的响应等实时响应

中断与停止

要求高的场合。

完整的中断过程包括触发中断、处理中断、结束中断。首先，通过获取与中断例行程序关联起来的中断识别号（通过 CONNECT 指令关联），扫描与识别号关联在一起的中断触发指令来判断是否触发中断。触发中断的原因可以是多种多样的，可能是将输入或输出设为 1 或 0，也有可能是下令在中断后按给定时间延时，也有可能是到达指定位置。在中断条件为真时，触发中断，程序指针跳转至与对应识别号关联的程序中进行相应的处理。在处理结束后，程序指针返回被中断的地方，继续往下执行程序。

中断的实现过程，首先通过扫描中断识别号，然后扫描到与中断识别号关联起来的触发条件，判断中断触发的条件是否满足。当触发条件满足后，程序指针跳转至通过 CONNECT 指令与识别号关联起来的中断例行程序中。

2. 中断相关指令

（1）CONNECT 指令。CONNECT 指令是实现中断识别号与中断例行程序连接的指令，如图 4-17 所示。实现中断首先需要创建数据类型为 intnum 的变量作为中断的识别号，识别号代表某一种中断类型或事件，然后通过 CONNECT 指令将识别号与处理识别号中断的中断例行程序关联。

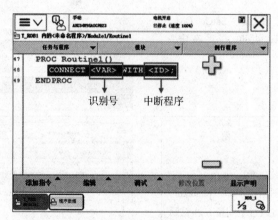

图 4-17　CONNECT 指令

举例说明：

```
VAR intnum feeder_error;
TRAP correct_feeder;
…
PROC main( )
    CONNECT feeder_error WITH correct_feeder;
```

将中断识别号"feeder_error"与"correct_feeder"中断程序关联起来。

（2）中断触发指令。由于触发程序中断的事件具有多样性，可能是将输入或输出设为 1 或 0，也可能是下令在中断后按给定时间延时，还有可能是机器人运动到达指定位置。因此，在 RAPID 程序中包含多种中断触发指令，可以满足不同中断需求，详见表 4-4。本书仅以 ISignalDI 为例说明中断触发指令的用法。

表 4-4　中断触发指令

序号	指令	说明
1	ISignalDI	中断数字量输入信号
2	ISignalDO	中断数字量输出信号
3	ISignalGI	中断一组数字量输入信号
4	ISignalGO	中断一组数字量输出信号
5	ISignalAI	中断模拟量输入信号
6	ISignalAO	中断模拟量输出信号
7	ITimer	定时中断
8	TriggInt	固定位置中断［运动（Motion）拾取列表］
9	IPers	变更永久数据对象时中断
10	IError	出现错误时下达中断指令并启用中断
11	IRMQMessage	RAPID 语言消息队列收到指定数据类型时中断

举例说明：

```
VAR intnum feeder_error;
TRAP correct_feeder;
…
PROC main( )
    CONNECT feeder_error WITH correct_feeder;
    ISignalDI di1,1,feeder_error;
```

将输入 di1 设置为 1 时产生中断。此时调用 correct_feeder 中断程序。

（3）控制中断是否生效的指令。表 4-5 所示指令可以用来控制中断是否生效。本书仅以 Idisable 和 IEnable 为例说明，其他指令用法可以查阅 RAPID 指令、函数或数据类型技术参考手册。

表 4-5　控制中断是否生效的指令

序号	指令	说明
1	IDelete	取消（删除）中断
2	ISleep	使个别中断失效
3	IWatch	使个别中断生效
4	IDisable	禁用所用中断
5	IEnable	启用所用中断

举例说明：

```
IDisable；
FOR i FROM 1 TO 100 DO
    reg1：=reg1+1；
ENDFOR
IEnable；
```

只要在从 1 到 100 进行计数的时候，就不允许任何中断；计数结束后，启用所有中断。

3. TRAP 中断应用

编写一个中断程序，实现机器人的组输入信号 Gi1 = 10 的时候，立即停止动作，步骤详见表 4-6。

表 4-6　TRAP 中断例行程序步骤

序号	描述	步骤
1	首先，新建一个名称为"ting-zhi"的 TRAP 中断例行程序。	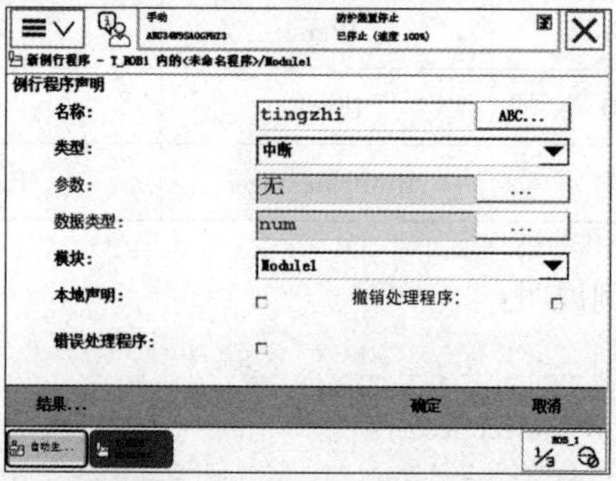
2	单击"显示例行程序"按钮，进入所建立的中断例行程序。	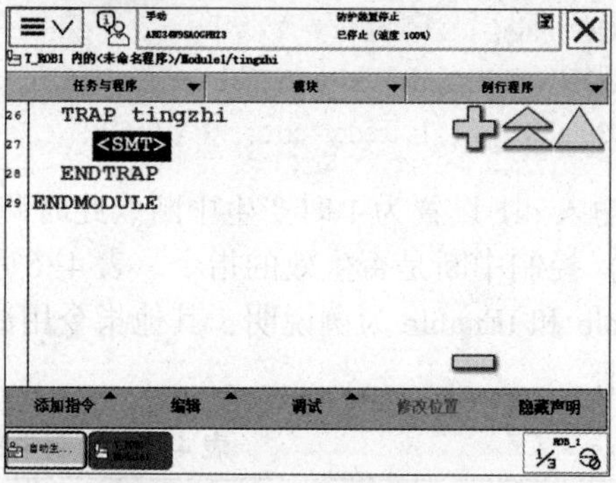
3	在中断例行程序中添加如图所示指令，实现当 Gi1 = 10 的时候，机器人停止动作。	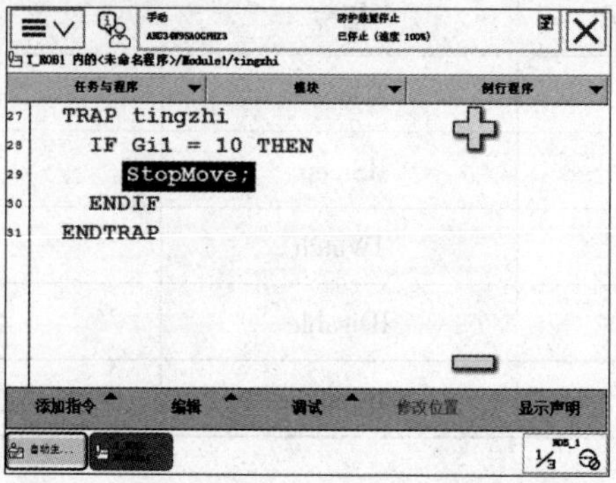

序号	描述	步骤
4	如果想在程序执行到某一语句之后开始启动某个中断识别号对应的中断机制，那么需要在这个语句之后扫描一次中断程序。 如想要实现机器人在运动到点p20之后，只要接收到组信号Gi1 = 10，就启动某个中断，那么需要在图示指令下方添加中断相关指令，用来启用中断。	
5	如图所示添加指令"IDelete"，此指令一般添加在中断识别号与中断程序连接的指令之前，用于清空中断识别号的连接。	
6	在列表中选择"intno1"并单击"确定"按钮，完成对中断标识符进行清空指令语句的编写（如果列表中没有，则在数据类型"intnum"中新建一个）。	
7	在"Interrupts"中完成"CONNECT"指令的添加。	

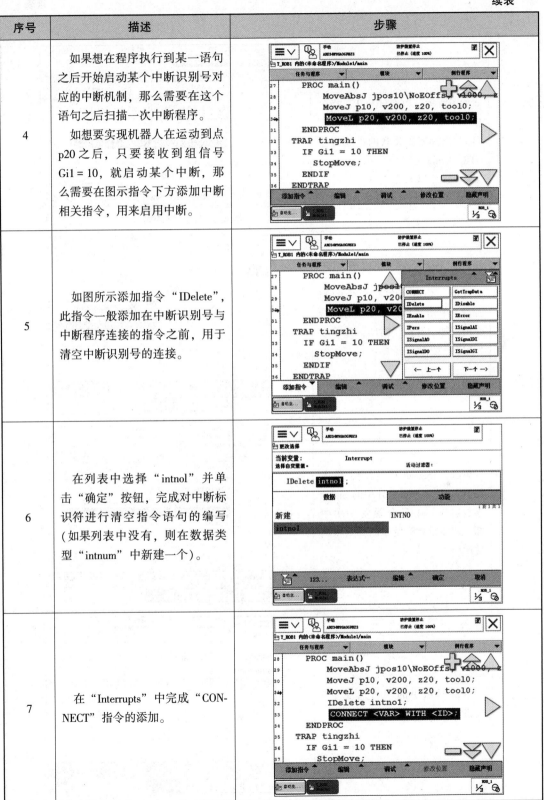

序号	描述	步骤
8	如图所示，"CONNECT"指令中的"VAR"选择"intno1"，"ID"选择需要关联的中断程序"TRAP tinghzi"。	
9	完成"CONNECT"指令的添加后，单击"ISignalGI"完成指令的添加；选择"Gi1"，并单击"确定"按钮。	
10	单击"ISignalGI"指令，进入编辑界面。（ISignalGI中的Single参数启用 Gi1 只会触发一次中断；若要重复触发中断，则将其关闭。）	
11	单击图示中的"可选变量"按钮。	

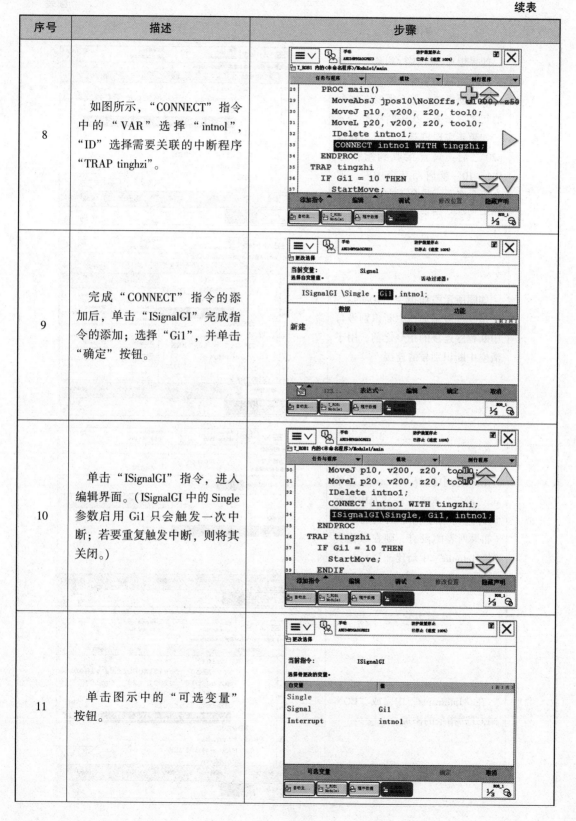

序号	描述	步骤
12	如图所示，单击进入变量界面。	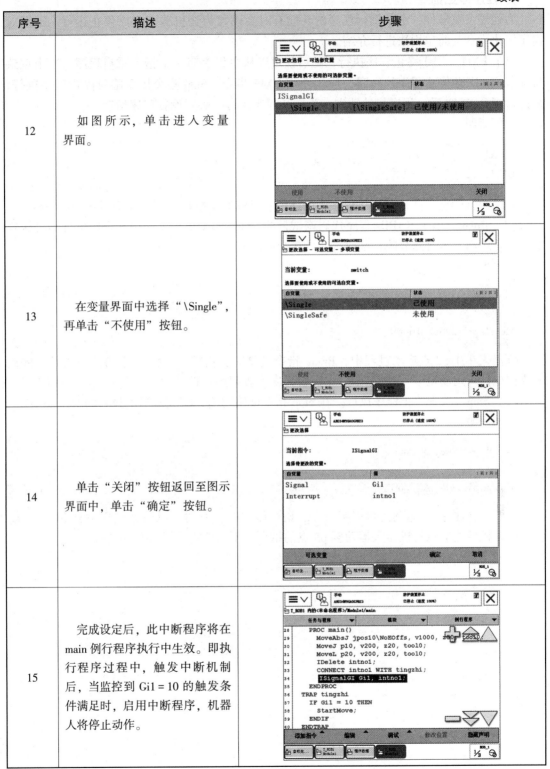
13	在变量界面中选择"\Single"，再单击"不使用"按钮。	
14	单击"关闭"按钮返回至图示界面中，单击"确定"按钮。	
15	完成设定后，此中断程序将在main 例行程序执行中生效。即执行程序过程中，触发中断机制后，当监控到 Gi1 = 10 的触发条件满足时，启用中断程序，机器人将停止动作。	

4. 程序停止指令

为处理突发事件，中断例行程序的功能有时会设置为让机器人程序停止运行。下面对程序停止指令及简单用法进行介绍。

（1）EXIT。用于终止程序执行，随后仅可以从主程序第一个指令重启程序。当出现致命错误或永久地停止程序执行时，应当使用 EXIT 指令。Stop 指令用于临时停止程序执行。在执行指令 EXIT 后，程序指针消失。为继续程序执行，必须设置程序指针。

举例说明：

```
MoveL p1,v200,z50,tool1;
EXIT;
```

程序执行停止，并且无法从程序中的该位置继续往下执行，需要重新设置程序指针。

（2）Break。出于 RAPID 程序代码调试目的，将 Break 用于立即中断程序执行，机械臂立即停止运动。为排除故障，临时终止程序执行过程。

举例说明：

```
MoveL p2,v200,z50,tool1;
Break;
MoveL p3,v200,z50,tool1;
```

机器人在往 p2 点运动过程中，Break 指令就绪时，机器人立即停止动作。如果机械往下执行机器人运动至 p3 点的指令，不需要再次设置程序指针。

（3）Stop。用于停止程序执行。在 Stop 指令就绪之前，将完成当前执行的所用移动。

举例说明：

```
MoveL p4,v200,z50,tool1;
Stop;
MoveL p5,v200,z50,tool1;
```

机器人在往 p4 点运动的过程中，Stop 指令就绪时，机器人仍将继续完成到 p4 点的动作。如果机械往下执行机器人运动至 p5 点的指令，不需要再次设置程序指针。

任务三　FOR 语句与单排码垛

【励志微语】

一个胜利者不会放弃，而一个放弃者永远不会胜利。

【学习目标】

掌握 FOR 重复执行判断指令的适用情景、步幅 STEP 设置的用法与意义；能结合任务利用 FOR 重复执行判断指令完成单排码垛的编程与调试任务。

【任务描述】

现有相同物料在传送带上不间断传送至同一位置，利用工业机器人实现物料按相同姿态码垛叠放在一起。首先，通过 RobotStudio 软件中的 FOR 重复执行判断指令完成码垛程序的单排编程与调试；其次，利用实训室码垛工作站真实再现单排操作与编程过程；最后，完成单排 3 层码垛的路径分析、编程与调试任务。

【任务知识库】

一、FOR 重复执行判断指令

FOR 重复执行判断指令，适用于一个或多个指令需要重复执行数次的情况。循环可以按照指定的步幅进行计数，步幅可以通过关键词 STEP 指定为某个整数，如果步幅省略，默认步幅为 1，当程序执行的时候，会自动进行步幅加 1 操作，如图 4-18 所示。

FOR 与 WHILE 指令

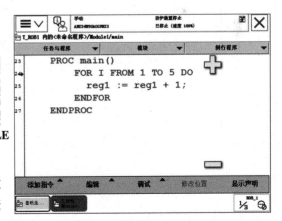

图 4-18　FOR 指令程序

程序解析：

FOR 循环中 I 的值从 1 到 5（默认情况下，步长为 1），重复执行 reg1：= reg1+1 的操作 5 次。

FOR 重复执行判断指令中步长是可以根据编程情况改变的，步长可以是正数，也可以是负数，步长改变步骤见表 4-7。

表 4-7　FOR 指令中改变步长步骤

序号	描述	步骤
1	单击 FOR 语句首行，选中 FOR 语句整体；再次单击 FOR 语句首行。	
2	单击"添加 STEP"按钮。	
3	单击"确定"按钮。	
4	返回值主界面。	

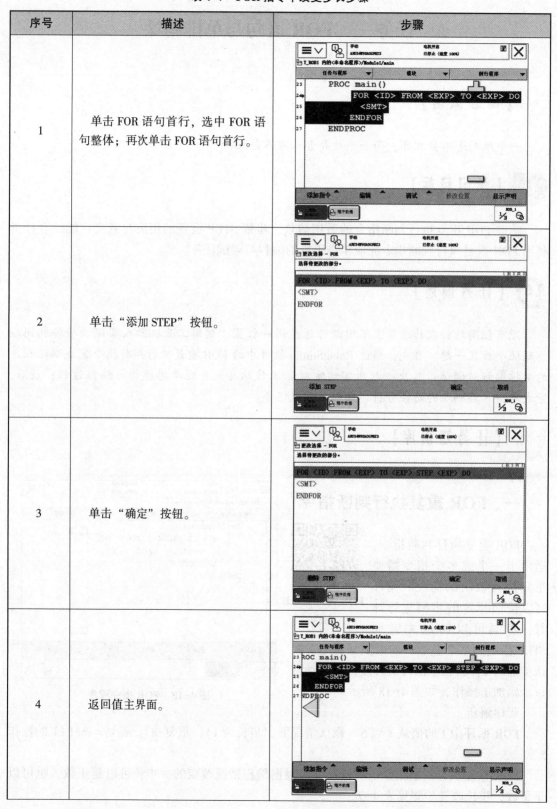

续表

序号	描述	步骤
5	可通过双击"STEP"后的"<EXP>"来更改步长值。	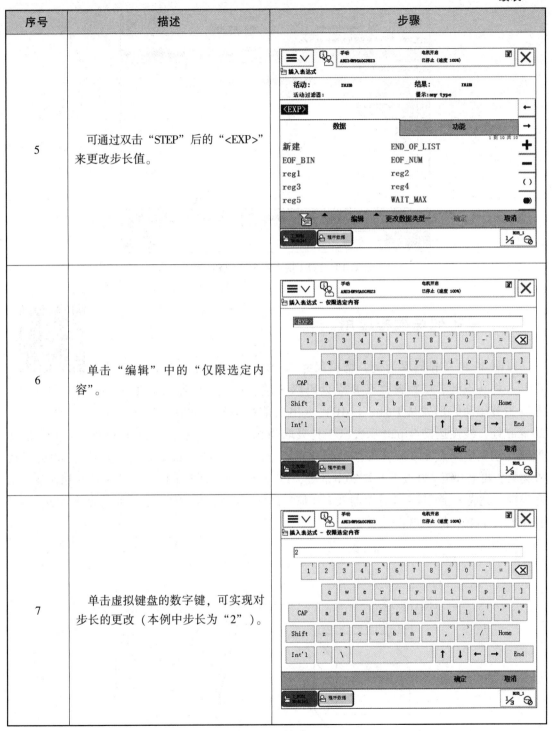
6	单击"编辑"中的"仅限选定内容"。	
7	单击虚拟键盘的数字键，可实现对步长的更改（本例中步长为"2"）。	

程序解析：

FOR 循环中 I 的值从 1 到 5，STEP 为 2 时，重复执行 reg1：=reg1+1 的操作 3 次；当且仅当 I 的值分别为 1、3、5 时执行，如图 4-19 所示。

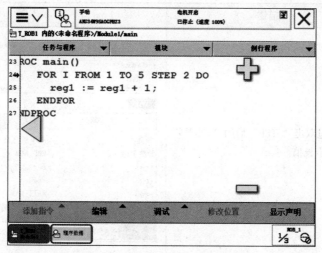

图 4-19　FOR 指令程序（STEP 为 2）

二、单排码垛编程应用

以图 4-20 单排码垛为例，物料尺寸为 50 mm×25 mm×20 mm。工业
机器人将 A 点处 3 层物料移至 B 点处码垛 3 层。首先，机器人的 TCP 首
先以关节运动的形式从 Home（p10）点出发前往中间点 p20 点的正上方 单排码垛程序
设计

20 mm 处，线性运动至 p20 后吸盘工具吸取物料，再返回至上方 20 mm 处，以关节运动
形式移动到中间点 p30 后，再移动到放置点 p40 正上方 20 mm 处，线性下降到 p40 点后放
置物料，再上升至 p40 点正上方 20 mm 处，以关节运动返回到 p30 点完成工件一层搬运，依
此类推，完成 3 层码垛。工业机器人 I/O 信号详见表 4-8，单排码垛程序结构见表 4-9，各子
程序见表 4-10~表 4-13。

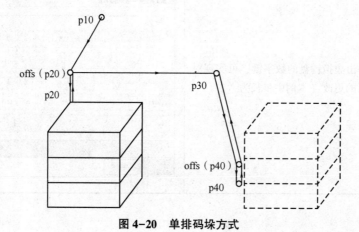

图 4-20　单排码垛方式

表 4-8 工业机器人 I/O 信号表

序号	信号地址	信号名称	信号含义
1	8	DO10-9	数字量输出信号，用于控制安装夹具
2	9	DO10-10	数字量输出信号，用于控制夹具夹爪开合
3	10	DO10-11	数字量输出信号，用于控制夹具抽真空

表 4-9 单排码垛程序结构

序号	程序结构	
1	**PROC main( )**	//主程序，每个模块有且只有一个，用于调用其他例行程序
2	rInit;	//初始化子程序，将所有输入输出点恢复到初始状态
3	GetTool;	//工具拾取子程序，用于操作机器人在工具库拾取吸盘工具
4	Mworkpiece1;	//工件码垛子程序，用于操作机器人将物料从 A 移动到 B 处
5	PutTool;	//工具释放子程序，用于操作机器人在工具库释放吸盘工具
6	**ENDPROC**	

表 4-10 初始化子程序

序号	初始化子程序	
1	**PROC rInit ( )**	
2	Set DO10-9	//快换复位
3	Reset DO10-10	//夹爪复位
4	Reset DO10-11	//吸盘复位
5	**ENDPROC**	

表 4-11 工具拾取子程序

序号	工具拾取子程序	
1	**PROC GetTool ( )**	
2	MoveAbsJ jops100\NoEoffs,v200,z50,tool0;	//初始原点
3	MoveJ Offs(P200,0,0, 20),v200,z50,tool0;	//关节移动到 p200 点上方 20 mm 处
4	MoveL P200,v50,fine,tool0;	//直线运动到 p200 点
5	WaitTime 0. 5;	//等待 0. 5 s
6	Reset DO10-9;	//获取工具
7	WaitTime 0. 5;	//等待 0. 5 s
8	MoveL Offs(P200,0,0, 20),v50,fine,tool0;	//获取工具后慢速移动
9	MoveL Offs(P200,0,0, 100),v200,z50,tool0;	//快速移动到安全位置
10	MoveAbsJ jops100\NoEoffs,v200,z50,tool0;	//回到初始原点
11	**ENDPROC**	

表 4-12　工件码垛子程序

序号	工件码垛子程序	
1	**PROC** Mworkpiece1（ ）	
2	MoveAbsJ jops10\NoEoffs,v200,z50,tool0;	//初始原点
3	**FOR I FROM 1 TO 3 DO**	//循环3次,码垛3层
4	MoveJ Offs（P20,0,0,20*（1-I）+20）,v200,z50,tool0;	//关节快速移动到某点
5	MoveL Offs（P20,0,0,20*（1-I））,v50,fine,tool0;	//直线移动到抓取点
6	WaitTime 0.5;	//等待0.5 s
7	Set DO10-11;	//抓取工件
8	WaitTime 0.5;	//等待0.5 s
9	MoveL Offs（P20,0,0,20*（1-I）+20）,v50,fine,tool0;	//直线慢速上升到某点
10	MoveJP30,v200, z50,tool0;	//过渡点
11	MoveJ Offs（P40,0,0,20*（I-1）+20）,v200,z50,tool0;	//关节快速移动到某点
12	MoveL Offs（P40,0,0,20*（I-1））,v50,fine,tool0;	//直线慢速移动到放置点
13	WaitTime 0.5;	//等待0.5 s
14	Reset DO10-11;	//释放工件
15	WaitTime 0.5;	//等待0.5 s
16	MoveL Offs（P40,0,0,20*（I-1）+20）,v50,fine,tool0;	//直线慢速移动至某点
17	MoveJ P30,v200, z50,tool0;	//过渡点
18	**ENDFOR**	
19	MoveAbsJ jops10\NoEoffs,v200,z50,tool0;	//初始原点
20	**ENDPROC**	

表 4-13　工具释放子程序

序号	工具释放程序	
1	**PROC PutTool**（ ）	
2	MoveAbsJ jops100\NoEoffs,v200,z50,tool0;	//初始原点
3	MoveJ Offs（P200,0,0, 20）,v200,z50,tool0;	//关节移动到p200点上方20 mm处
4	MoveL P200,v50,fine,tool0;	//直线运动到p200点
5	WaitTime 0.5;	//等待0.5 s
6	Set DO10-9;	//释放工具
7	WaitTime 0.5;	//等待0.5 s
8	MoveL Offs（P200,0,0, 20）,v50,fine,tool0;	//释放工具后慢速移动
9	MoveL Offs（P200,0,0, 100）,v200,z50,tool0;	//快速移动到安全位置
10	MoveAbsJ jops100\NoEoffs,v200,z50,tool0;	//回到初始原点
11	**ENDPROC**	

任务四 WHILE 语句与立体码垛

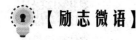 【励志微语】

人只要不失去方向，就不会失去自己。

【学习目标】

掌握 WHILE 循环判断指令的适用情景，进入或跳出 WHILE 语句的条件；能结合任务利用 WHILE 循环判断指令完成立体码垛的编程与调试任务。

【任务描述】

现有相同物料在传送带上不间断传送至同一位置，利用工业机器人实现物料按相同姿态码垛叠放在一起。首先，通过 RobotStudio 软件中的 WHILE 循环判断指令完成码垛立体程序的编程与调试；其次，通过实训室码垛工作站真实再现立体操作与编程过程；最后，完成立体码垛（3×2×2）的路径分析、编程与调试任务。

 【任务知识库】

一、WHILE 循环判断指令

WHILE 循环判断指令用于在给定条件满足的情况下，一直重复执行对应的指令，如图 4-21 所示。只有当循环至不满足判断条件后，才跳出循环指令，执行 ENDWHILE 后的运行指令。

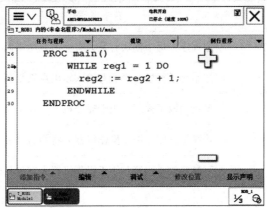

图 4-21 WHILE 指令程序

程序解析：

当 reg1 = 1 的条件满足的情况下，就一直执行 reg2：=reg2+1 的操作。

二、立体码垛编程应用

立体码垛程序
设计

工业机器人将 p10 点（取料位）物料移至 p30 点（第一个放料位置）处码垛，码垛方式如图 4-22 所示。首先，机器人的 TCP 首先以关节运动的形式从 Home 点出发前往中间点 p10 的正上方 20 mm 处，线性运动至 p10 后，吸盘工具吸取物料，再返回至上方 20 mm 处，以关节运动形式移动到点 p30 正上方 20 mm 处，线性下降到 p30 点后放置物料，再上升至正上方 p30 点 20 mm 处以关节运动返回到 p10 点完成工件一个搬运，依此类推，完成如图 4-22 所示立体码垛，参考坐标系为基坐标系；码垛方式为 3 mm×4 mm×3 mm，物体尺寸 50 mm×25 mm×20 mm。工业机器人 I/O 端口详见表 4-8，立体码垛程序结构见表 4-14，工件立体码垛子程序见表 4-15。

请完成上述码垛方式的编程与调试。

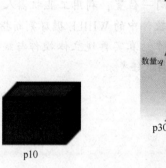

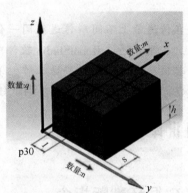

图 4-22 立体码垛方式

表 4-14 立体码垛程序结构

序号	程序结构	
1	**PROC main**（ ）	//主程序，每个模块有且只有一个，用于调用其他例行程序
2	rInit；	//初始化子程序，将所有输入输出点恢复到初始状态
3	GetTool；	//工具拾取子程序，用于操作机器人在工具库拾取吸盘工具
4	Mworkpiece2；	//码垛子程序，用于操作机器人将物料从 p10 处移动到 p30 处
5	PutTool；	//工具释放子程序，用于操作机器人在工具库释放吸盘工具
6	**ENDPROC**	

表 4-15　工件立体码垛子程序

序号	工件立体码垛子程序	
1	**PROC** Mworkpiece2（）	
2	MoveAbsJ jops10\NoEoffs,v200,z50,tool0;	//初始原点
3	q1:=0;	//初始化
4	**WHILE q1<3 Do**	//摆放 Z 轴方向工件
5	n1:=0;	//初始化
6	**WHILE n1<4 Do**	//摆放 Y 轴方向工件
7	m1:=0;	//初始化
8	**WHILE m1<3 Do**	//摆放 X 轴方向工件
9	MoveJ Offs（P10,0,0,50）,v200,z50,tool0;	//关节快速移动到某点
10	MoveL P10,v50,fine,tool0;	//直线慢速移动到 p10 点
11	WaitTime 0.5;	//等待 0.5 s
12	Set DO10-11;	//抓取工件
13	WaitTime 0.5;	//等待 0.5 s
14	MoveL Offs（P10,0,0,50）,v50,fine,tool0;	//直线慢速移动到某点
15	MoveJ P20,v200,z50,tool0;	//关节快速移动到 p20 点
16	x:=50*m1;	//X 轴方向偏移距离
17	y:=25*n1;	//Y 轴方向偏移距离
18	z:=20*q1;	//Z 轴方向偏移距离
19	MoveJ Offs（P30,x,y,z+50）,v200,z50,tool0;	//关节快速移动到某点
20	MoveL Offs（P30,x,y,z）,v50,fine,tool0;	//直线慢速移动到某点
21	WaitTime 0.5;	//等待 0.5 s
22	Reset DO10-11;	//释放工件
23	WaitTime 0.5;	//等待 0.5 s
24	MoveL Offs（P30,x,y,z+50）,v50,fine,tool0;	//直线移动到某点
25	Incr m1;	//m1 加 1
26	**ENDWHILE**	
27	Incr n1;	//n1 加 1
28	**ENDWHILE**	
29	Incr q1;	//q1 加 1
30	**ENDWHILE**	
31	MoveAbsJ jops10\NoEoffs,v200,z50,tool0;	//初始原点
32	**ENDPROC**	

任务五　数组功能认知

【励志微语】

每一个让你难堪的现在，都有一个不够努力的曾经。

【学习目标】

理解数组定义与分类，掌握数组的基本功能与创建流程。

【任务描述】

现有一组数据类型相同的变量，利用机器人相关功能实现将相同数据统一存储与命名。首先，区分一维、二维以及三维数组的不同；其次，学习变量型（VAR）和可变量型（PERS）数组的创建步骤；最后，在工业机器人示教器中完成数组的创建。

【任务知识库】

一、数组基本功能

所谓数组，是有序的元素序列，是用于储存多个相同类型数据的集合。

若将有限个类型相同的变量的集合命名，那么这个名称为数组名。组成数组的各个变量称为数组的分量，也称为数组的元素，有时也称为下标变量。用于区分数组的各个元素的数字编号称为下标。数组是在程序设计中，为了处理方便，把具有相同类型的若干元素按无序的形式组织起来的一种形式。这些无序排列的同类数据元素的集合称为数组。

数组是一种特殊类型的变量，普通的变量包含一个数据值，而数组可以包含多个数据值。数组可以将其描述为一维或多维表格，在工业机器人编程或操作工业机器人系统时，使用的数据都保存在此表格中。

在 ABB 工业机器人中，RAPID 程序可以定义一维、二维以及三维数组。

1. 一维数组

一维数组示例如图 4-23 所示，以一维数组 a 为例，其有 3 列，分别是 5、7、9，此数组和数组内容可表示为 Array1｛a｝。

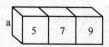

图 4-23　一维数组维数示意图

178

程序举例：

```
VAR num Array1{3}:=[5,7,9];
reg2:= Array1{3};
```

则 reg2 输出的结果为 9。

数组的三个维度与线、面、体的关系类似，一维数组就像在一条线上排列的元素，上例中一维数组 Array1 三个元素排列分别为 5、7、9，当数值寄存器 reg2 的值为数组 Array1 的第三位时，即是三个元素中的第三位 9。

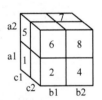

图 4-24　二维数组维数示意图

2. 二维数组

二维数组示例如图 4-24 所示，以二维数组 a、b 为例，a 维上有 3 行，b 维上有 4 列，此数组和数组内容可以表示为 Array2{a,b}。

程序举例：

```
VAR num Array2{3,4}:=[[1,2,3,4],[5,6,7,8],[9,10,11,12]];
reg2:= Array2{3,3};
```

则 reg2 输出的结果为 11。

二维数组类似于行列交错的面，每一个交点都存储一个值，等式中数值寄存器 reg2 的值为数组 Array2 的第三行的第三列，可等效为 {a3,b3}，即为 11。

图 4-25　三维数组维数示意图

3. 三维数组

三维数组示例如图 4-25 所示，以三维数组 a、b、c 为例，a 维上有 2 行，b 维上有 2 列，c 维上有 2 列，此数组和数组内容可以表示为 Array3{a,b,c}。

程序举例：

```
VAR num Array3{2,2,2}:=[[[1,2],[3,4]],[[5,6],[7,8]]];
reg2:= Array3{2,1,2};
```

则 reg2 输出的结果为 6。

三维数组是在二维数组的基础上多了一维，类似于面到体的变化，等式中数值寄存器 reg2 的值等于三维数组 Array3 的第二行第一列第三层，可等效为{a2,b1,c2}，即为 6。

二、数组创建流程

在 ABB 工业机器人中，RAPID 程序可以定义一维、二维以及三维数组。为便于学习，接下来以二维数组为例讲解数组创建流程，详细创建过程见表 4-16。

数组创建流程

表 4-16 数组创建流程

序号	描述	步骤
1	打开"程序数据"界面，选择数据类型"num"。	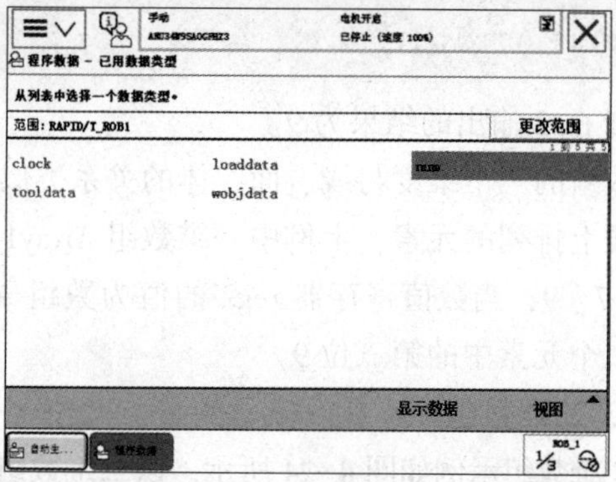
2	弹出如图所示界面。	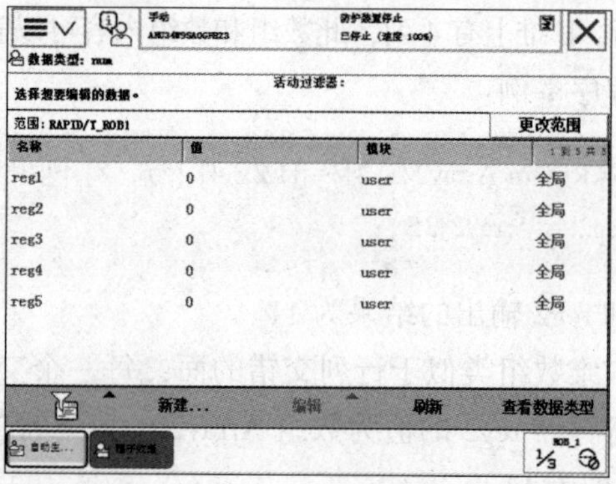
3	单击"新建"按钮，出现"新数据声明"界面，将维数设置好后即为数组（本例中设置为"2"，存储类型选择可变量）。	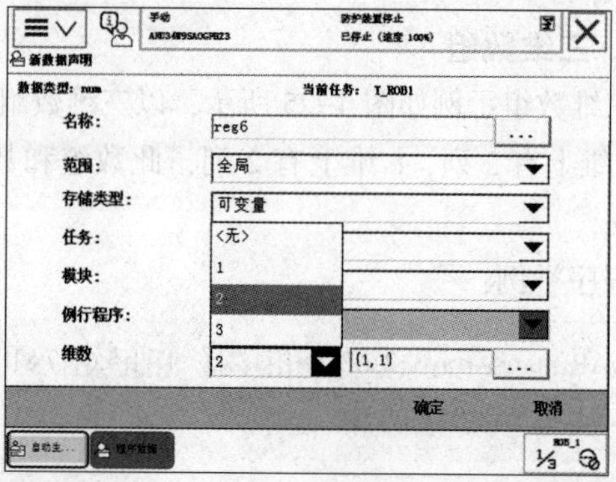
4	维数设置完成后，单击右侧的"…"按钮，系统进入数组维数设置界面，可设置数组的行、列、层数（本例中设置3行、2列）。	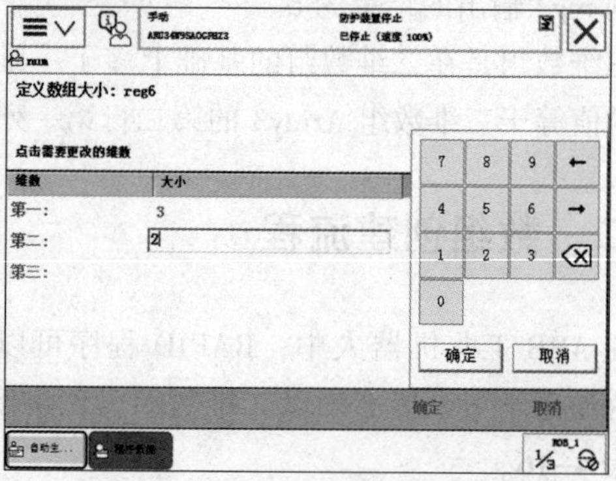

序号	描述	步骤
5	数组创建完成后，选择所创建的数组，然后在"编辑"中选择"更改值"。	
6	进入更改值界面，单击各个存储位置进行元素的添加。	

任务六　数组码垛示教编程

 【励志微语】

最精美的宝石，受匠人琢磨的时间最长。最宝贵的雕刻，受凿的打击最多。

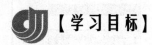【学习目标】

能够完成工件数组的创建，掌握利用数组功能完成码垛工作站的程序结构设计、编程与调试。

【任务描述】

现有相同大小的物料摆放在特定的不同位置，利用工业机器人数组功能实现物料码垛叠放在一起。首先，根据某一个物料空间位置，计算其余特定位置的物料空间位置；其次，利用数组功能记录物料空间位置，将其位置做归一处理；通过编程实现 6 个物料按任务要求叠放在一起，最终完成数组码垛的编程与调试。

 【任务知识库】

一、物料数据数组创建

首先，根据工作流程分析编程过程。假设已经完成摆放第一块物料的程序，工具坐标系使用 tool0，工业机器人从双层物料库抓取第一块物料，放置到托盘上的第一块物料位置；然后再从双层物料库中抓取第二块物料，摆放到托盘上的第二个物料位置，依此类推，完成六块物料的放置。利用数组来存放各个抓取和摆放的位置数据，工件尺寸为 60 mm×30 mm×20 mm。

如图 4-26 所示，建立工业机器人抓取物料数据的数组 reg7{6,3}:=[[0,0,0]，[0,-80,0]，[0,-160,0]，[-100,0,200]，[-100,-80,200]，[-100,-160,200]]。此数组中共有 6 组数据，分别对应 6 个不同的抓取位置，每组数据中的 3 个数值分别代表其相对于第一个抓取物料在 X、Y、Z 方向的偏移值。

如图 4-27 所示，建立工业机器人放置物料数据的数组 reg8{6,4}:=[[0,0,0,0]，[0,-30,0,0]，[-45,-15,0,90]，[15,-15,-20,90]，[-30,0,-20,0]，[-30,-30,-20,0]]。此数组中共有 6 组数据，分别对应 6 个不同的摆放位置，每组数据中的 4 个数值分别代表其相对于第一个放置物料在 X、Y、Z 方向的偏移值和 Z 轴的旋转角度。

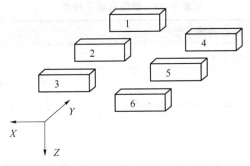

图 4-26　物料初始摆放位置

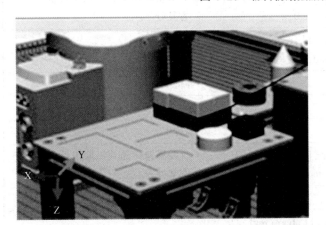
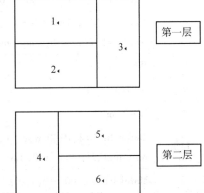

图 4-27　物料码垛摆放位置

二、数组码垛编程应用

数组码垛程序设计

首先，完成第一块物料从安装夹爪至放置到平面托盘上的示教编程。第一块物料的程序编辑完成之后，新建两个数组 reg7 和 reg8，按照物料块的位置更改数组的相应数值，数组码垛程序结构见表 4-17，数组码垛子程序见表 4-18。需要注意的是，在建立数组时，将存储类型设置为"可变量"，否则数组关闭后会自动清零。

表 4-17　数组码垛程序结构

序号	程序结构	
1	**PROC main**( )	//主程序，每个模块有且只有一个，用于调用其他例行程序
2	rInit;	//初始化子程序，将所有输入输出点恢复到初始状态
3	GetTool;	//工具拾取子程序，用于操作机器人在工具库拾取吸盘工具
4	Mworkpiece3;	//工件码垛子程序，用于操作机器人将物料从 A 处移动到 B 处
5	PutTool;	//工具释放子程序，用于操作机器人在工具库释放吸盘工具
6	**ENDPROC**	

表 4-18　数组码垛子程序

序号	数组码垛子程序	
1	**PROC** Mworkpiece3（ ）	
2	reg1：＝1	//循环初始值
3	MoveAbsJ jops10\NoEoffs，v200，z50，tool0；	//初始原点
4	WHILE reg1＜＝6 Do	//共循环6次
5	MoveJ P50，v200，z10，tool0	//过渡点
6	MoveJ RelTool（P100，reg6{reg1，1}，reg6{reg1，2}，reg6{reg1，3}-40），v200，z10，tool0；	/＊关节快速移动到抓取工件位置点上方某处＊/
7	MoveL RelTool（P100，reg6{reg1，1}，reg6{reg1，2}，reg6{reg1，3}），v50，fine，tool0；	//直线慢速移动到抓取工件位置点
8	WaitTime 1；	//等待1 s
9	Set DO10-11	//抓工件
10	WaitTime 1；	//等待1 s
11	MoveL RelTool（P100，reg6{reg1，1}，reg6{reg1，2}，reg6{reg1，3}-40），v50，fine，tool0；	/＊直线慢速移动到抓取工件位置点上方某处＊/
12	MoveJ P150，v200，z10，tool0；	//过渡点
13	MoveJ RelTool（P200，reg7{reg1，1}，reg7{reg1，2}，reg7{reg1，3}-40\Rz：＝reg7{reg1，4}），v200，z10，tool0；	/＊关节快速移动到放置工件位置点上方某处＊/
14	MoveL RelTool（P200，reg7{reg1，1}，reg7{reg1，2}，reg7{reg1，3}\Rz：＝reg7{reg1，4}），v50，fine，tool0；	//直线慢速移动到放置工件位置点
15	WaitTime 1；	//等待1 s
16	Reset DO10-11	//放工件
17	WaitTime 1；	//等待1 s
18	MoveL RelTool（P200，reg7{reg1，1}，reg7{reg1，2}，reg7{reg1，3}-40\Rz：＝reg7{reg1，4}），v50，fine，tool0；	/＊直线慢速移动到放置工件位置点上方某处＊/
19	Incr reg1	//+1，进入下一个工件摆放
20	**ENDWHILE**	
21	MoveAbsJ　jops10\NoEoffs，v200，z50，tool0；	//初始原点
22	**ENDPROC**	

项目五

焊接工作站编程与操作

项目目标

了解焊接工作站的用途与基本组成，掌握焊接工作站的安全规范与操作流程；
掌握焊接工作站焊接参数的基本意义与设置流程，能够根据要求完成参数的设置；
掌握焊接指令，能根据要求完成焊接工作站的程序结构设计、程序编制与调试。

知识图谱

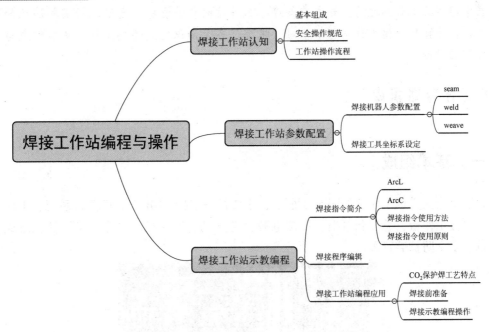

任务一　焊接工作站认知

 【励志微语】

没有不会做的事，只有不想做的事。

 【学习目标】

认识工业机器人
焊接工作站

了解焊接工作站的用途与基本组成，掌握焊接工作站的安全规范与操作流程。

 【任务描述】

在学习焊接工作站之前，要求搜集焊接工作站的相关资料。通过现场实物的认知和教师的示范，为操作焊接工作站打下基础。根据任务卡知识完成焊接工作站基本组成与安全操作规程的讨论。

【任务知识库】

一、基本组成

焊接机器人实训工作站如图 5-1 所示，主要设备包括 ABB 工业机器人系统、工作站防护罩、焊接工作台、总控制电柜、焊接电源、送丝机、焊丝盘、焊枪、保护气瓶总成、防护面罩、安全防护装置等。

图 5-1　焊接机器人实训工作站

1. ABB 工业机器人

IRB1410 工业机器人（图 5-2）配合 IRC5 的弧焊功能，一般用于弧焊。IRB1410 工业机器人技术指标详见表 5-1。

表 5-1 IRB1410 工业机器人技术指标

	机械结构	6 个自由度
	载荷质量/kg	5
	定位精度/mm	0.05
	安装方式	落地式
	本体质量/kg	225
	电源容量/kW	4
	最大臂展半径/m	1.44
	标准涂色	橘黄色
最大工作范围/(°)	1 轴（旋转）	+170～-170
	2 轴（旋转）	+70～-70
	3 轴（旋转）	+70～-65
	4 轴（旋转）	+150～-150
	5 轴（旋转）	+115～-115
	6 轴（旋转）	+300～-300
最大速度/[(°)·s⁻¹]	1 轴（旋转）	120
	2 轴（旋转）	120
	3 轴（旋转）	120
	4 轴（旋转）	280
	5 轴（旋转）	280
	6 轴（旋转）	280
安装环境	环境温度/℃	5～45
	相对湿度/%	最高 95
	防护等级	IP54
	噪声水平/dB	最高 70

2. 焊接电源

本实训工作站中的焊接电源采用松下 YD-350GR 数字 IGBT 控制 MIG/MAG 弧焊电源，如图 5-3 所示。松下 YD-350GR 焊接电源主要焊接对象为碳钢和不锈钢，可实现多种焊丝低飞溅的焊接，具有内置焊接专家数据库、搭载模糊控制机能、标配自动焊专机模拟接口和机器人专用机型等特点。

图 5-2　IRB1410 工业机器人

图 5-3　焊接电源

3. 送丝机

送丝机采用松下配套的 YW-35DG 高精度数字送丝机，如图 5-4 所示。送丝机是安装在机器人轴上，为焊枪自动输送焊丝的装置。

4. 焊枪

焊枪利用焊接电源的高电流、高电压产生的热量聚集在焊枪终端，熔化焊丝，熔化的焊丝渗透到需焊接的部位，冷却后，与焊接的物体牢固地连接成一体。本工作站采用的焊枪型号是松源 350GC 机器人焊枪，如图 5-5 所示。

图 5-4　送丝机

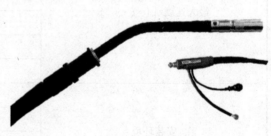

图 5-5　焊枪

5. 焊丝盘

焊丝规则地缠绕在焊丝盘上。本工作站的焊丝盘安装在机器人轴上，如图 5-6 所示。

6. 保护气瓶总成

保护气瓶总成由气罐、气体调节器、PVC 气管等组成，如图 5-7 所示。气体调节器由减压机构、压力表、加热器、流量计等组成。本工作站采用的气体保护气是 CO_2，浓度大于等于 99.8%。气体调节器采用松下配套的型号为 YX-25CD1HAM 的焊接专用气体调节器。其参数规格见表 5-2。

图 5-6　焊丝盘

图 5-7　保护气瓶总成

表 5-2　YX-25CD1HAM 焊接专用气体调节器参数

型号	YX-25CD1HAM		
适用气体	焊接用液化 CO_2	焊接用氩气	焊接用混合气体 MAG（Ar+CO_2）
入口压力/MPa	≤11.8	≤14.7	
调整压力/MPa	0.35		
额定气体流量/（L·min^{-1}）	1~25		
额定负载持续率/%	100		
加热器电源	AC 36 V 190 W		
加热器电缆长度/m	3		
安全阀动作压力/MPa	0.56~0.7		
质量/kg	2.1		

7. 焊接工作台

焊接工作台是焊接过程中用来固定和夹紧需焊接工件的专用工作台。本工作站采用最普遍的工作台，如图 5-8 所示。

图 5-8　焊接工作台

8. 总控制电柜

总控制柜主要包括工作站总电源开关、焊接机器人开关、焊接电源开关、电气元件及各功能按钮，如图 5-9 所示。

图 5-9　总控制电柜

9. 安全防护罩

安全防护罩主要应用于焊接工作站、去毛刺工作站及数控加工工作站等存在危险并可能对人身造成伤害的设备。

二、安全操作规范

1. 工业机器人安全操作规范

（1）未经许可不能擅自进入机器人工作区域；机器人处于自动模式时，不允许进入其运动所及范围。

（2）机器人运行中发生任何意外或运行不正常时，立即使用急停按钮，使机器人停止运行。

（3）在编程、测试和检修时，必须将机器人置于手动模式，并使机器人以低速运行。

（4）调试人员进入机器人工作区域时，需随身携带示教器，以防他人误操作。

（5）在不移动机器人或不运行程序时，应及时释放使能器按钮。

（6）突然停电时，要及时关闭机器人主电源。

（7）发生火灾时，应使用二氧化碳灭火器灭火。

2. 焊接机器人安全注意事项

（1）焊接工作时，避免焊接烟尘或气体危害，应按规定使用保护用具。

（2）佩戴护具，避免焊接弧光和飞溅的焊渣对眼部造成伤害。

（3）保护气气瓶置于固定架上，并放在干燥、阴暗的环境，避免气瓶倾倒，以免造成人身事故。

（4）系统开启后，请勿触摸任何带电部位，避免引起灼伤。

三、工作站操作流程

1. 系统开启

（1）打开总控制电柜，将内部断路器依次全部打开。

（2）旋动总控制电柜上带有"控制启停"字样的钥匙开关，控制回路上电。

（3）按下总控制电柜上的"系统上电"绿色按钮，系统上电，同时指示灯被点亮。

（4）将 ABB 机器人控制器上的电源开关旋转到 ON 指示位，机器人系统开启。

（5）将焊接电源的开关向上搬起，启动焊机。

（6）打开气瓶阀门，系统开启完毕。

2. 焊前准备

（1）选择要焊接的工件。

（2）将工件安装在焊接工作台上。

（3）焊接工具坐标系设置。

3. 开始焊接

（1）示教编写程序，调试好程序之前，锁定"焊接启动"功能。

（2）根据焊缝轨迹，手动操作机器人，同时添加焊接指令。

（3）编写好程序后，开始调试程序。

（4）在"焊接启动"功能锁定下，手动模式下运行编写好的程序，并观察示教轨迹与焊缝轨迹是否重合，并且焊接速度是否合适。

（5）若有问题，需要重新示教编写程序或微调程序；若没有问题，开始下一步操作。

（6）开启"焊接启动"功能，手动模式下运行程序，焊接过程中，要做好安全防护措施。

（7）焊接过程完毕。

4. 系统关闭

（1）关闭气瓶阀门。

（2）拉下焊接电源开关，关闭焊接电源。

（3）将 ABB 机器人控制柜的开关打到"OFF"指示位，关闭机器人系统。

（4）按下总控制电柜上"系统下电"字样的按钮，系统下电。

（5）再次旋动"控制启停"的钥匙开关，控制回路下电。

（6）系统关闭。

任务二　焊接工作站参数配置

 【励志微语】

学会改变生活，学会品味沧桑，方可无悔青春，无憾岁月的消逝。

学习焊接参数
设置

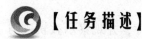 **【学习目标】**

掌握焊接工作站焊接参数的基本意义与设置流程，能够根据要求完成参数的设置。

 【任务描述】

现有一套焊接工作站需要完成长度为 20 cm 的"鱼鳞"焊缝焊接，要求利用现有设备实现焊接工作站的参数配置。通过教师讲授和现场演示，分组进行焊接参数配置的训练，完成焊接工作站的相关参数配置和焊接机器人的工具坐标系设定。

【任务知识库】

一、焊接机器人参数配置

弧焊指令包括三个焊接参数：seam、weld、weave。

1. seam（起弧收弧参数，seam data）

弧焊参数的一种，用于焊接引弧、加热与收弧以及中断后重启时的相关参数，如图 5-10 所示，含义见表 5-3。

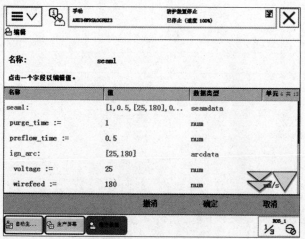

图 5-10　seam 参数配置界面

表 5-3　seam 起弧收弧参数

起弧收弧参数（指令）	指令定义的参数	
purge_time	保护气管路的预充气时间	
preflow_time	保护气的预吹气时间	
ign_arc	voltage	起弧电压
	wirefeed	起弧电流（起弧送丝速度）
scrape_start	刮擦起弧次数	
cool_time	冷却时间	
fill_time	填弧坑时间	
fill_arc	voltage	收弧电压
	wirefeed	收弧电流（收弧送丝速度）
postflow_time	焊道保护送气时间	

2. weld（焊接参数，weld data）

弧焊参数的一种，用于设置焊接参数，如图 5-11 所示，含义见表 5-4。

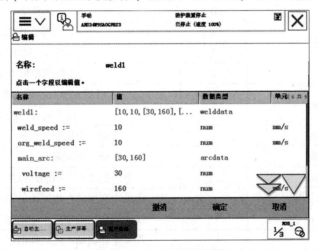

图 5-11　weld 参数配置界面

表 5-4　weld 焊接参数

焊接参数（指令）	指令定义的参数	
weld_speed	主焊接速度	
org_weld_speed	初始焊接速度	
main_arc	voltage	主焊接电压
	wirefeed	主焊接电流（主焊接送丝速度）
org_arc	voltage	初始焊接电压
	wirefeed	初始焊接电流（焊接送丝速度）

3. weave（摆弧参数，weave data）

弧焊参数的一种，用于定义摆动参数，如图 5-12 所示，含义见表 5-5。

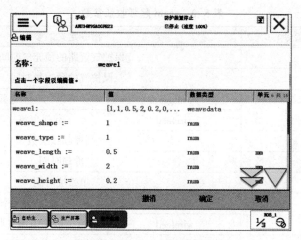

图 5-12　weave 参数配置界面

表 5-5　weave 摆弧参数

摆弧参数（指令）	指令定义的参数	
weave_shape	0	无摆动
	1	平面锯齿形摆动
	2	空间 V 字形摆动
	3	空间三角形摆动
weave_type	0	机器人所有的轴均参与摆动
	1	仅手腕参与摆动
weave_length	摆动一个周期的长度	
weave_width	摆动一个周期的宽度	
weave_height	空间摆动一个周期的高度	
dwell_left	摆动中在摆动左边运动的距离	
dwell_center	摆动中在摆动中间运动的距离	
dwell_right	摆动中在摆动右边运动的距离	
weave_dir	摆动倾斜角度（焊道的 X 方向）	
weave_tilt	摆动倾斜角度（焊道的 Y 方向）	
weave_ori	摆动倾斜角度（焊道的 Z 方向）	
weave_bias	摆动中心偏移	
org_weave_width	初始摆动宽度	
org_weave_hight	初始摆动高度	
org_weave_bias	初始摆动中心偏移	

二、焊接工具坐标系设定

焊接工具坐标系设定步骤与其他类型的工具坐标系设定步骤一样，具体步骤详见项目二任务四工具坐标系的设置。

任务三　焊接工作站示教编程

【励志微语】

过去的是回忆，现在的是拼搏，未来的是目标。

【学习目标】

掌握焊接指令，能根据要求完成焊接工作站的程序结构设计、程序编制与调试。

【任务描述】

在完成"鱼鳞"焊缝参数配置的基础上，实现直径为 20 cm 的圆形轨迹"鱼鳞"焊接编程与调试。通过教师讲授和现场实操讲解，学生分组进行编程与调试训练，完成 20 cm 的圆形轨迹"鱼鳞"，最终实现焊接工作站的编程与调试。

【任务知识库】

学习焊接指令

一、焊接指令简介

弧焊指令的基本功能与普通"Move"指令一样，可实现运动及定位。

1. ArcL

直线焊接指令，类似于 MoveL，包含以下 3 个选项：

（1）ArcLStart 开始焊接。

（2）ArcL 焊接中间点。

（3）ArcLEnd 焊接结束。

2. ArcC

圆弧焊接指令，类似于 MoveC，包含 3 个选项：

（1）ArcCStart 开始焊接。

（2）ArcC 焊接中间点。

（3）ArcCEnd 焊接结束。

3. 焊接指令使用方法

（1）ArcLStart。用于直线焊缝的焊接开始，工具中心点线性移动到指定目标位置，整个焊接过程通过参数监控和控制。

> ArcLP1,v100,seam1,weld1 \weave:=weave1,fine,tool0;

其中，ArcL：直线运动；P1：目标点；v100：空走速度；seam1：控制起弧和收弧过程；weld1：控制焊接过程的参数；weave1：焊接过程的摆弧参数。

（2）ArcCStart。用于圆弧焊缝的焊接开始，工具中心点线性移动到指定目标位置，整个焊接过程通过参数监控和控制。

> ArcCP1,P2,v100,seam1,weld1 \weave:=weave1,fine, tool0;

其中，ArcC：圆弧运动；P1：目标点；v100：空走速度；seam1：控制起弧和收弧过程；weld1：控制焊接过程的参数；weave1：焊接过程的摆弧参数。

4. 焊接指令使用原则

（1）任何焊接程序都必须以 ArcLStart 或者 ArcCStart 开始，一般以 ArcLStart 开始。

（2）任何焊接程序都必须以 ArcLEnd 或者 ArcCEnd 结束。

（3）焊接中间点用 ArcL 或者 ArcC。

（4）焊接过程中，不同语句可以使用不同的焊接参数（seamDate 与 weldDate）。

二、焊接程序编辑

1. 焊接机器人的直线轨迹示教

机器人直线运行轨迹与焊缝示意图如图 5-13 所示，机器人从起始点 p10 运行到 p50，从 p20 点开始起弧焊接，到 p40 点收弧停止焊接。其中，p10 点和 p50 点分别作为焊接临近点和焊枪规避点，p30 点为焊接过程中追加的焊接中间点。直线轨迹程序编辑步骤见表 5-6。

ABB 机器人焊接实操

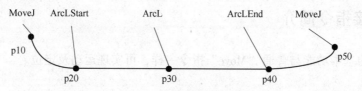

图 5-13 直线焊缝轨迹

表 5-6 直线轨迹程序编辑步骤

序号	描述	步骤
1	打开程序编辑器的"例行程序"选项卡，这里有默认的 main( ) 程序。	

续表

序号	描述	步骤
2	单击"文件"按钮，选择"新建例行程序…"。	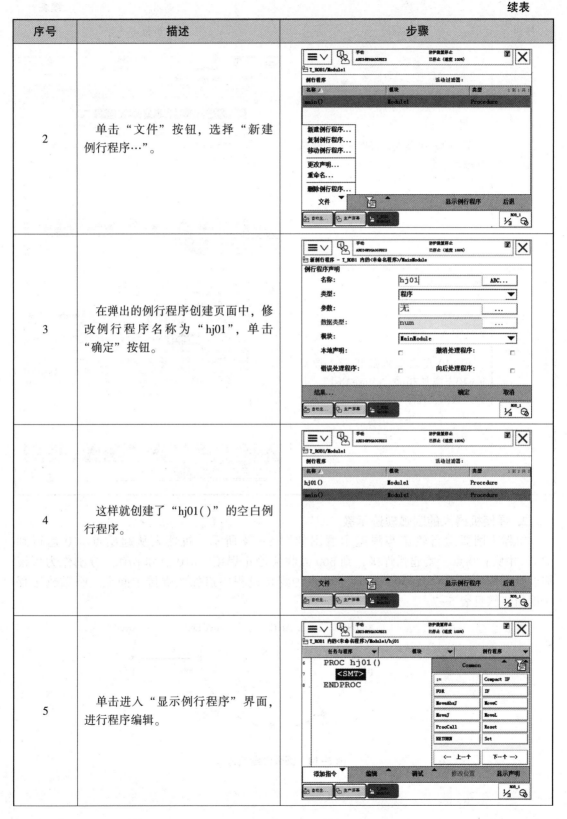
3	在弹出的例行程序创建页面中，修改例行程序名称为"hj01"，单击"确定"按钮。	
4	这样就创建了"hj01( )"的空白例行程序。	
5	单击进入"显示例行程序"界面，进行程序编辑。	

序号	描述	步骤
6	手动移动机器人，根据图示轨迹依次添加指令。	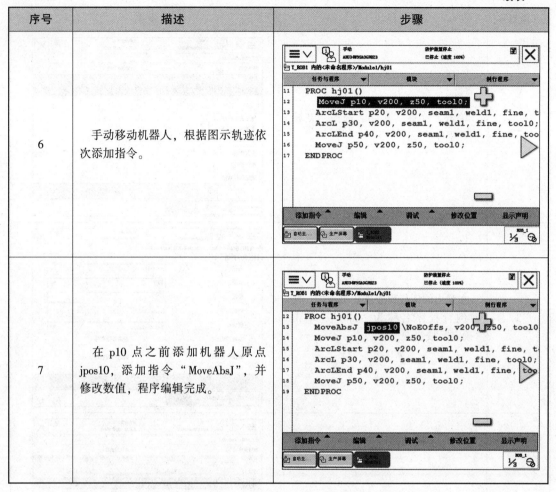
7	在 p10 点之前添加机器人原点 jpos10，添加指令"MoveAbsJ"，并修改数值，程序编辑完成。	

2. 焊接机器人的圆弧轨迹示教

机器人圆弧运行轨迹与焊缝示意图如图 5-14 所示，机器人从起始点 p10 运行到 p70，并从 p20 点开始起弧焊接，到 p60 点收弧停止焊接，p10 点和 p70 点分别作为焊接临近点和焊枪规避点，p30、p40、p50 点为焊接过程中追加的焊接中间点。圆弧轨迹程序编辑步骤见表 5-7。

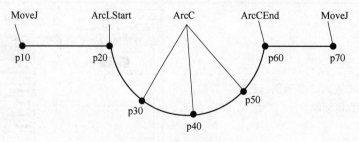

图 5-14　圆弧焊缝轨迹

表 5-7　圆弧轨迹程序编辑步骤

序号	描述	步骤
1	新建例行程序"hj02( )"。	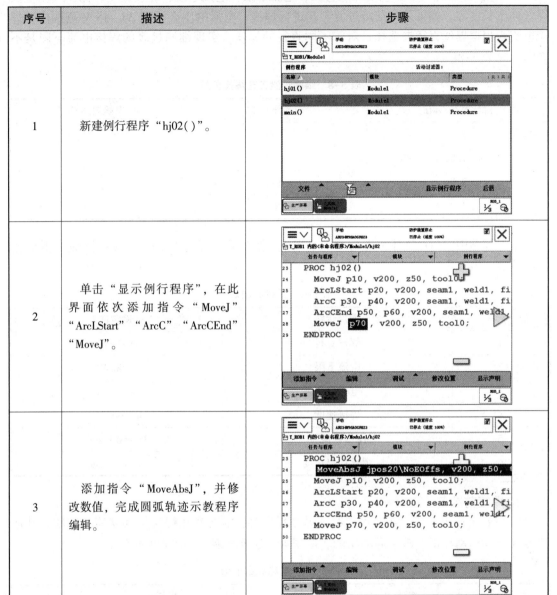
2	单击"显示例行程序",在此界面依次添加指令"MoveJ""ArcLStart""ArcC""ArcCEnd""MoveJ"。	
3	添加指令"MoveAbsJ",并修改数值,完成圆弧轨迹示教程序编辑。	

三、焊接工作站编程应用

1. CO_2 保护焊工艺特点

CO_2 保护焊工艺一般包括短路过渡和细滴过渡两种。短路过渡工艺采用细焊丝、小电流和低电压。焊接时,熔滴细小而过渡频率高,飞溅少,焊缝成形美观。短路过渡工艺主要用于焊接薄板及全位置焊接。细滴过渡工艺采用较粗的焊丝,焊接电流较大,电弧电压也较高。焊接时,电弧是连续的,焊丝熔化后以细滴形式进行过渡,电弧穿透力强,母材熔深大。细滴过渡工艺适用于中厚板焊件的焊接。

CO_2保护焊的焊接参数包括焊丝直径、电流下限、电弧电压、焊接速度、保护气流量及焊丝伸出长度等。如果采用细滴过渡工艺进行焊接，电弧电压必须在 34~45 V 范围内，焊接电流则根据焊丝直径来选择。对于不同直径的焊丝，实现细滴过渡的焊接电流下限是不同的，见表 5-8。

表 5-8　细滴过渡工艺焊接参数

焊丝直径/mm	电流下限/A	电弧电压/V
1.2	300	
1.6	400	34~45
2.0	500	
4.0	700	

本工作站中，CO_2 气体浓度为 99.5%以上，焊丝是直径为 1.2 mm 的碳钢药芯，其焊接参数见表 5-9。

表 5-9　焊接参数表

序号	焊接参数	设定值
1	焊丝直径	1.2 mm
2	电流下限	300 A
3	电弧电压	34~45 V
4	焊接速度	40~60 m/h
5	保护气流量	25~50 L/min
6	焊丝伸出长度	10~15 mm

2. 焊接前准备

（1）锁定弧焊工艺。在空载或调试焊接程序时，需要禁止焊接启动功能，或禁止其他功能（摆动启动功能、跟踪启动功能、适用焊接速度功能），步骤见表 5-10。

表 5-10　功能锁定步骤

序号	描述	步骤
1	进入 ABB 主菜单，单击"生产屏幕"。	

续表

序号	描述	步骤
2	进入"RobotWare Arc"功能菜单界面。	
3	单击"锁定"按钮。	
4	选中"焊接启动","焊接启动"字样变成"焊接锁定",同理,其他功能也可锁定。	
5	单击"应用"和"确定"按钮,返回"RobotWare Arc"功能菜单界面,已完成锁定焊接启动。	

（2）手动送丝和退丝。在确定引弧位置时，常常要使焊丝有合适的伸出长度并与工件轻轻接触，故需要手动送丝功能；若焊丝长度超过要求，则需要适用手动退丝功能或手工剪断。一般来说，焊丝伸出焊枪长度为 15 倍焊丝直径，故手动送丝时，焊丝伸出长度为 10~15 mm。手动送丝和退丝步骤见表 5-11。

表 5-11　手动送丝和退丝步骤

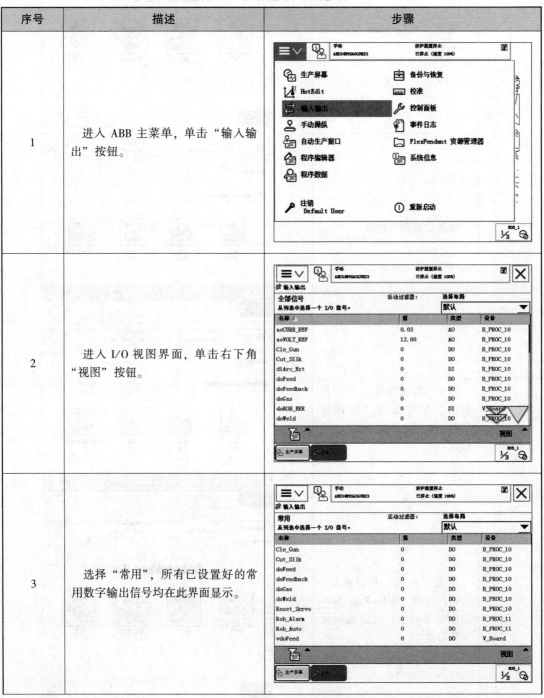

序号	描述	步骤
1	进入 ABB 主菜单，单击"输入输出"按钮。	
2	进入 I/O 视图界面，单击右下角"视图"按钮。	
3	选择"常用"，所有已设置好的常用数字输出信号均在此界面显示。	

序号	描述	步骤
4	手动送丝信号对应 I/O 信号是 doFeed，当 doFeed 置为 0 时，不送丝；当 doFeed 置为 1 时，送丝机开始送丝。	![I/O视图界面，doFeed 值为 1]
5	手动退丝信号对应的 I/O 信号是 doFeedback，当 doFeedback 置为 0 时，送丝机不退丝；当 doFeedback 置为 1 时，送丝机开始退丝。	![I/O视图界面，doFeedback 值为 1]

（3）手动控制保护气。保护气的流量对焊接质量有重要影响，焊接时的保护气流量必须在焊前准备过程中调节好。手动控制保护气步骤见表 5-12。

表 5-12　手动控制保护气步骤

序号	描述	步骤
1	进入 I/O 视图界面，选择"常用"，所有已设置好的常用数字输出信号均在此界面显示。	![I/O视图界面，常用数字输出信号列表]

序号	描述	步骤
2	手动送气信号对应的 I/O 信号是 doGas，当 doGas 置为 1 时，手动送气开启；当 doGas 置为 0 时，手动送气关闭。	

3. 焊接示教编程操作

本任务是手动示教编辑平板堆焊的程序，对于简单的直线焊缝或圆弧焊缝来说，手动示教显得更加直观、易懂。其操作流程如下所示。

（1）明确学习目标，选取合适的工件。

（2）安装工件在焊接工作台上。

（3）明确焊接的直线轨迹。

（4）手动操纵机器人移至焊接开始点（即轨迹开始点），并在示教器上添加指令。

（5）手动操纵机器人移至直线轨迹中间点，并在示教器上添加指令。

（6）手动操纵机器人移至焊接结束点（即轨迹结束点），并在示教器上添加指令。

（7）移动机器人至开始点上方和结束点上方，分别作为焊接作业临近点和焊枪规避点，并在示教器上添加指令。

（8）在锁定焊接功能状态下，单步运行程序，观察运行情况。

（9）开启焊接功能，开始焊接。

（10）焊接完毕，检查焊接效果。

项目六

视觉检测工作站编程与操作

 项目目标

了解机器视觉概述与分类，理解视觉工作原理；

掌握视觉检测工作站的硬件组成与系统操作；

掌握视觉软件界面组成与操作，能够完成系统通信设置与检测成像调节；

掌握工件的标签颜色、二维码等流程的编辑，能够实现视觉检测与结果回传。

X 证书考点

1. 能完成视觉传感器焦距、光圈等参数的调整；

2. 能完成视觉相机的网络配置与连接；

3. 能完成视觉识别模板的制作；

4. 能熟练地切换视觉系统的应用场景，完成视觉检测程序的调用。

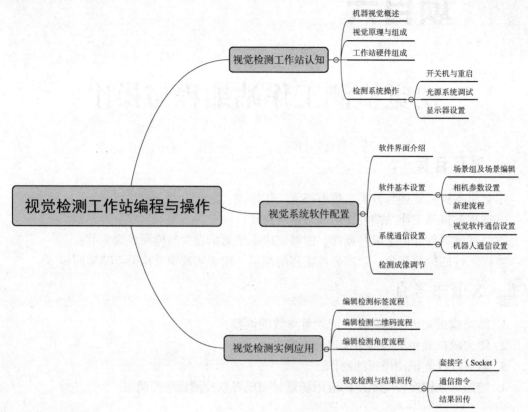

任务一　视觉检测工作站认知

【励志微语】

你只有非常努力，才能看起来毫不费力。

【学习目标】

了解机器视觉概述与分类，理解视觉工作原理；掌握视觉检测工作站的硬件组成与系统操作。

【任务描述】

现有一套视觉检测工作站，需要实现对其进行基本操作。要求搜集视觉检测的相关资料，分组讨论机器视觉分类与视觉工作原理；通过现场实物的认知和教师示范，掌握视觉检测工作站基本组成、视觉基本操作方法和步骤，完成对现场设备的基本操作。

【任务知识库】

一、机器视觉概述

在现代工业自动化生产中，会涉及各种检查、测量、识别等工序，例如零件形状匹配、尺寸检查，自动装配完整性检查，自动定位检查，产品包装上的条码和字符识别等。这类应用一般是连续大批量的生产，在没有机器视觉之前，只能靠人工重复性劳动完成。这种以人工为基础的检测方式，在给工厂增加巨大人工成本和管理成本的同时，还无法保证100%的检验合格率（即"零缺陷"）。有些时候，如微小尺寸的精确快速测量、颜色识别、字符识别、二维码识别等，用人的肉眼根本无法连续、稳定地进行，其他物理量传感器也难有用武之地。由此，逐渐形成了一门新学科，即机器视觉。本任务主要对机器视觉检测工作站进行认知，学习视觉检测工作原理、视觉检测站组成结构、视觉检测系统软件应用等知识，最后学习视觉检测编程与调试等技能。

机器视觉（Machine Vision）迄今还没有一个统一、明确的定义。美国制造工程协会（ASME）的机器视觉分会和美国机器人工业协会（RIA）的自动化视觉分会对机器视觉的定义为：机器视觉是通过光学的装置和非接触的传感器自动地接收与处理一个真实物体的图像，通过分析图像获得所需信息或用于控制机器人运动的装置。简而言之，机器视觉就是用机器代替人眼来做测量和判断。

一般认为，机器视觉是从三维环境中，对图像进行摄取，传送给专用的图像处理系统，得到被摄目标的形态信息，根据像素分布和亮度、颜色等信息，转变成数字化信号，图像系统对这些信号进行各种运算来抽取目标的特征，进而根据判别的结果来控制现场的设备动作。机器视觉是目前非常活跃的研究领域，涉及的学科有图像处理、计算机图形学、人工智能和自动控制等。图 6-1 所示为一个典型的机器视觉检测系统。

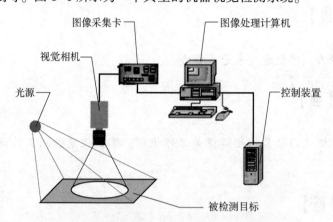

图 6-1　典型的机器视觉检测系统组成示意图

二、视觉原理与组成

机器视觉是研究用计算机来模拟生物宏观视觉功能的科学和技术。通俗的说法，就是用机器代替人眼来做测量和判断。首先采用视觉相机将被摄取的目标转换成图像信号，传送给专用的图像处理系统，根据像素分布、亮度、颜色等信息，转换成数字信号；利用计算机图像系统对这些信号进行各种运算来抽取目标的特征，如尺寸、角度、偏移值、面积、数量、颜色、合格/不合格、有/无等。机器视觉的特点是自动化、客观、非接触和高精度、高可靠性、适应工业现场环境等。

从视觉系统的运行环境分类，可分为 PC-BASED 系统和 PLC-BASED 系统。其中 PC-BASED 系统基于个人电脑运行平台，具有开放性高、编程灵活性好、良好的 Windows 界面、成本较低、一般可接多镜头等特点。PLC-BASED 系统更像一个智能化的视觉传感器，其图像处理单元独立于系统，通过通信或者 I/O 单元与 PLC 进行数据交换，具有可靠性高、集成化、小型化、低成本等特点。

机器视觉一般组成包括：

1. 图像采集单元

即 CCD/CMOS 相机和图像采集卡，它将光学图像转换为模拟/数字图像，并输出至图像处理单元。

2. 图像处理单元

用来对图像采集单元的图像数据进行实时的存储，并在图像处理软件的支持下进行图像处理。

3. 图像处理软件

在图像处理单元硬件环境支持下，完成图像处理功能，如几何边缘的提取、Blob、灰度直方图、OCV/OVR、简单的定位与搜索等。在智能相机中，以上算法都封装成固定的模块，用户可直接应用。

4. 网络通信模块

完成控制信息、图像数据的通信任务。一般采用内置以太网通信装置，支持多种标准网络和总线协议。

5. 其他外部辅助设备

对视觉检测提供辅助功能，如光源、显示器、支架、底座等。

三、工作站硬件组成

视觉检测系统硬件主要由视觉控制器、视觉相机、相机镜头、显示器、连接电缆以及外部辅助设备（如光源）组成，如图 6-2 所示。

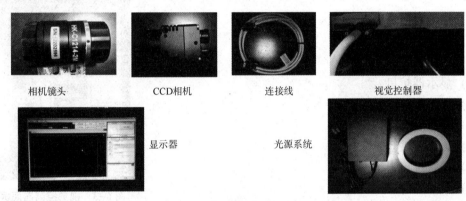

相机镜头　　　　　CCD相机　　　　　连接线　　　　　视觉控制器

显示器　　　　　光源系统

图 6-2　视觉检测站硬件组成

1. 相机镜头

镜头的基本功能是实现光束调制，在视觉系统中，镜头的主要作用是将目标成像在图像传感器的光敏面上。镜头的质量直接影响到机器视觉系统的整体性能，合理地选择和安装镜头，是机器视觉系统设计的重要环节。

相机镜头主要参数有：

（1）景深。在景物空间中，能在实际像平面上获得相对清晰影像的景物空间深度范围。

（2）视野。也称视场角，是指图像采集设备所能覆盖的范围。

（3）焦距。是焦点到成像面的距离，用 f 表示。焦距 f 数值越小，成像面距离主点越近，其画角是广角，可拍摄的场景越大；相反，数值大，主点到成像面的距离远，其画角变窄，可拍摄较远的场景。变焦镜头可通过构件改变镜头焦距，使相机达到清晰成像。

（4）相对孔径。是指镜头的入射光孔直径（D）与焦距（f）之比，即 D/f。

（5）光圈系数。相对孔径的倒数称为光圈系数。

（6）明亮度。调节光线明亮的程度。明亮度一般通过光圈构件来调整。

2. 视觉相机

视觉相机根据采集图片的芯片可以分成 CCD 和 CMOS 两种。

CCD（Charge Coupled Device）是电荷耦合器件图像传感器。它使用一种高感光度的半导体材料制成，能把光线转变成电荷，通过模数转换器芯片转换成数字信号，数字信号经过压缩以后由相机内部的闪速存储器或内置硬盘卡保存。

CMOS（Complementary Metal Oxide Semiconductor）是互补金属氧化物半导体，芯片主要是利用硅和锗这两种元素所做成的半导体，通过 CMOS 上带负电和带正电的晶体管来实现处理的功能。这两个互补效应所产生的电流即可被处理芯片记录和解读成影像。

CMOS 容易出现噪点，容易产生过热的现象；而 CCD 抑噪能力强，图像还原性高，但制造工艺复杂，导致相对耗电量高、成本高。本工作站选择欧姆龙 FZ-SC 彩色 CCD 相机。

3. 视觉控制器

本工作站选用欧姆龙 FH-L550 型视觉控制器。该控制器具有紧凑性高、运行处理速度快、程序编写简单等特点，集定位、识别、计数等功能于一体，可同时连接两台相机进行视觉处理，还支持 Ethernet 通信。

欧姆龙 FH-L550 型视觉控制器面板接口如图 6-3 所示，分别为：

（1）控制器系统运行显示区。

（2）SD 槽。

（3）USB 接口。

（4）显示器接口。

（5）通信网口。

（6）并行 I/O 通信接口。

（7）RS232 通信接口。

（8）相机接口。

（9）控制器电源接口。

图 6-3 视觉控制器面板图

4. 显示器

显示器主要功能是显示视觉系统软件界面和监视视觉检测画面与结果。

5. 光源

光源作用是给视觉系统提供照明。正确的照明是视觉系统成功与否的关键，光源直接影响到图像的质量，进而影响到视觉系统的性能。

光源分为自然光源和人工光源两种，常见人工光源如图 6-4 所示。按照照明方式，又可分为正面照明和背面照明两种。

图 6-4 常见人工光源

本工作台采用环形 LED 阵列光源。采用正面照明的方式,即将光源置于被测物体的前面,用来照射被测物体表面的图案、缺陷等细节特征,如图 6-5 所示。

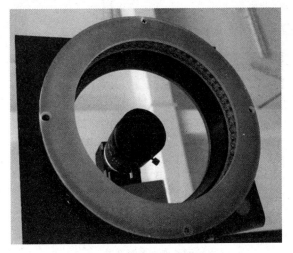

图 6-5　环形 LED 阵列光源

四、检测系统操作

1. 开关机与重启

(1)打开断路器开关,给视觉控制器上电,即完成视觉检测系统开机。

(2)断开断路器开关,即完成视觉检测系统关机。

(3)系统重启:如图 6-6 所示,返回主界面,单击"保存"按钮,单击"确定"按钮,保存当前设置参数;单击"功能"下拉式菜单,选择系统重启。

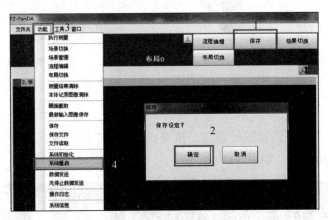

图 6-6　系统重启

2. 光源系统调试

如图 6-7 所示,光源系统调试步骤如下:

（1）找到光源控制器，连接电源线和光源输出线。

（2）接通电源。

（3）打开电源开关。

（4）通过旋转变位器来调整光源的明亮程度。

图6-7　光源调节

3. 显示器设置

（1）熟悉显示器各按键，如图6-8所示。

1—电源指示灯；2—开关机按键；3—信号源切换按键；4—系统参数设置按键；

5—向右方向键；6—向左方向键。

图6-8　显示器按键

（2）如图6-9所示，选择信号源切换按键，选择PC信号源，则显示器显示界面为视觉系统监控软件初始界面，如图6-10所示。

图6-9　显示信号选择

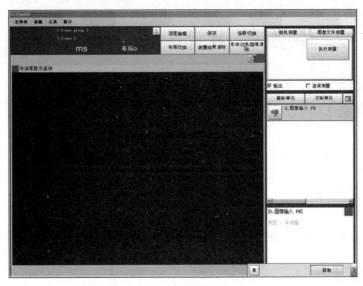

图 6-10 视觉系统初始界面

任务二　视觉系统软件配置

【励志微语】

我从不担心自己努力过后不优秀，我只担心优秀的人比我还努力。

【学习目标】

掌握视觉软件界面组成与操作，能够完成系统通信设置与检测成像调节。

【任务描述】

现有一套视觉系统软件，需要完成通信配置与成像调节。通过现场实物的认知和教师示范，分组进行软件基本操作练习，独立完成系统的通信设置与检测成像调节。

【任务知识库】

一、软件界面介绍

控制系统图形软件界面是操作视觉系统，完成检测任务的操作界面，其画面各个组成部分及作用如图 6-11 所示。

图 6-11　软件界面组成

1. 判定显示窗口

用于显示综合判定结果。

显示场景的综合判定结果有 OK 和 NG 两种。

注意：如果处理单元群中，存在任何一个判定结果为 NG，则综合判定结果显示为 NG。

2. 信息显示窗口

用来显示布局、处理时间、场景组名称、场景名称等信息。

布局：将显示当前显示的布局编号。

处理时间：显示测量处理所花的时间。

场景组名称、场景名称：显示当前显示的场景组编号、场景编号。

3. 工具窗口

显示常用工具。

流程编辑：启动用于设定测量流程的流程编辑画面。

保存：将设定数据保存到控制器的闪存中。变更任意设定后，请务必单击此按钮保存设定。

场景切换：切换场景组或场景。

布局切换：切换布局编号。

4. 测量窗口

进行测量操作。

相机测量：对相机图像进行试测量。

图像文件测量：对已保存的图像进行再测量。

输出：要将调整画面中的试测量结果也输出到外部时，勾选该选项。不输出到外部，仅进行传感器控制器单独的试测量时，取消该项目的勾选。输出选项用于在显示主画面时，临时变更设定。切换场景或布局后，将不保存测量窗口的"输出"中设定的内容，而是应用布局设定的"输出"中的设定内容。

连续测量：希望在调整画面中连续进行试测量时，勾选该选项。勾选"连续测量"并单击"连续测量"后，将连续重复执行测量。

5. 图像窗口

用来显示已测量的图像。单击处理单元名的左侧，可显示图像窗口的属性画面。

6. 详细结果显示窗口

将显示测量结果。

7. 流程显示窗口

将显示测量处理的内容（测量流程中设定的内容）。单击各处理项目的图标，将显示处理项目的参数等要设定的属性画面。

二、软件基本设置

1. 场景组及场景编辑

欧姆龙视觉检测系统自带各种测量对象和测量内容的处理项目。用户只需选择适当的项目，并进行组合和执行，就能完成符合目的的测量。这些处理项目的组合称为场景。

当工作任务需要制作多个场景时，为了方便管理这些场景，把多个场景进行编组，称为场景组。一个场景组中最多可以创建 128 个不同的场景，一个视觉系统中最多可以设置 32 个场景组，即可以使用 128 个场景×32 个场景组 = 4 096 个场景。如图 6-12 所示，场景组及场景编辑步骤如下：

图 6-12　工具窗口

（1）单击工具窗口中的"场景切换"按钮，在弹出的对话框中选择需要的场景组和场景即可。

（2）单击"保存"按钮，可以保存设置；单击"流程编辑"按钮，可以在场景中新建、删除和修改流程。

2. 相机参数设置

选择切换完流程组和流程后，在流程显示窗口中可以看到"0. 图像输入 FH"流程，如图 6-13 所示。双击"0. 图像输入 FH"流程，则弹出相机参数设置界面，如图 6-14 所示。具体参数设置如下：

（1）相机选择：选择正在使用的相机。

（2）参数设置：对相机设定、图像调整设定、白平衡、校准等参数进行设置。

（3）画面显示：可显示相机的动态画面。

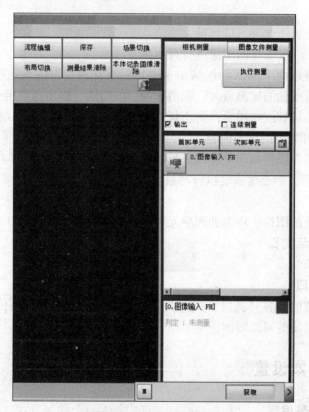

图 6-13　流程显示窗口

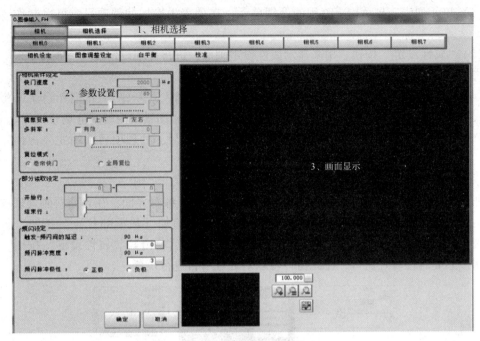

图 6-14　参数设置界面

3. 新建流程

单击"工具窗口"中的"流程编辑"按钮，则弹出流程编辑界面，如图 6-15 所示。

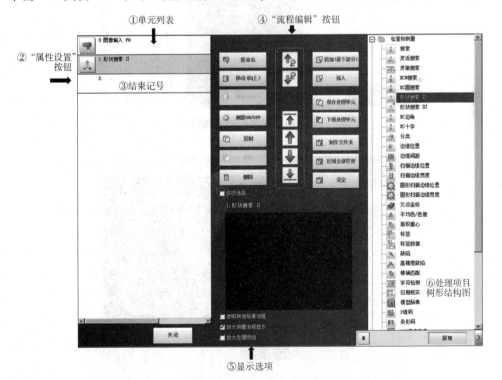

图 6-15　流程编辑界面

（1）单元列表。显示构成流程的处理单元。在列表中追加处理项目，可以制作场景的流程。

（2）"属性设定"按钮。用来显示属性设定画面，进行详细设定。

（3）结束记号。表示流程的结束。

（4）"流程编辑"按钮。对场景内的处理单元进行插入（新建）、排列和删除等操作。

（5）显示选项。对图标进行放大，以及选择参照同一场景组内的其他场景操作。

（6）处理项目树形结构图。用来选择预制的处理项目，处理项目欧姆龙公司预先编辑完成的视觉检测项目。

举例：视觉检测流程搭建实例。

如图6-16所示，单击"流程编辑"按钮，显示流程编辑界面，在界面右侧处理项目树形结构图，选择"形状搜索Ⅱ"，单击"插入"或者"追加（最下部分）"按钮，新建一个处理单元。如图6-17所示，单击"形状搜索Ⅱ"，然后单击其"属性设定"按钮，则弹出形状搜索Ⅱ属性设定窗口，在此窗口可以对处理项目进行设置。

图6-16　视觉检测流程搭建

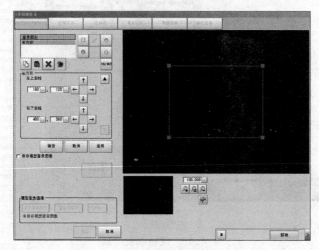

图6-17　形状搜索Ⅱ属性设定窗口

三、系统通信设置

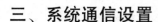

视觉通信设置

欧姆龙 FH-L550 控制器主要通信方式有：

（1）并行通信：利用视觉控制器并口 CN1 和 CN2 进行通信。

（2）PLC LINK 通信：利用欧姆龙图像传感器的通信协议，将保存控制信号、命令/响应、测量数据的区域分配到 PLC 的 I/O 存储器中，通过周期性地共享数据，实现其他设备（如 PC、PLC 等）和视觉控制器之间的数据交换。

（3）EtherNET 通信：通过开放式以太网通信协议，实现其他设备与控制器的通信。

（4）EtherCAT（仅 FH）：开放式通信协议，使用 PDO（过程数据）通信。

（5）无协议通信：不使用特定协议，向控制器发送命令帧，然后从控制器接收响应帧。

1. 视觉软件通信设置

视觉检测系统检测结果一般需要以通信方式反馈给 PC、PLC 等控制设备，则还需要对视觉控制器进行通信设置。下面以开放式以太网通信协议为例，讲述通信设置。

（1）在主界面单击"工具"选项卡下拉菜单中选择"系统设置"，如图 6-18 所示。

图 6-18　"工具"下拉菜单

（2）在"系统设置"窗口中，单击左侧"启动设定"；再选择"通信模块"，在此界面中，"串行（以太网）"选择"无协议（TCP）"；然后依次单击"适用"与"关闭"按钮。设置参数如图 6-19 所示。

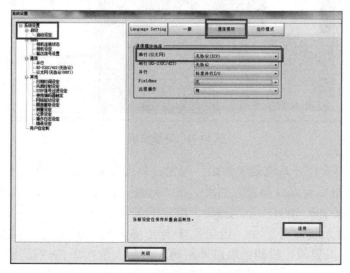

图 6-19　通信模块参数设置

（3）返回主界面，单击"保存"按钮，单击"确定"按钮，如图 6-20 所示。

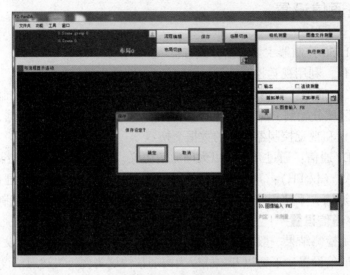

图 6-20　通信设置保存

（4）选择"功能"，在下拉菜单中选择"系统重启"，等待系统完成重启，如图 6-21 所示。

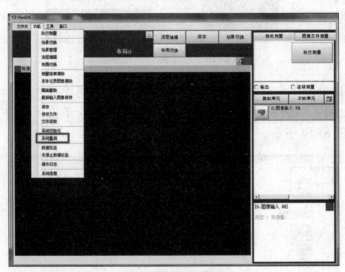

图 6-21　系统重启

（5）重启后再次打开系统设置界面。首先，单击左侧"以太网（无协议（TCP））"选项，进行 IP 地址以及端口设置。其次，在"地址设定 2"中，填入视觉控制器的 IP 地址（例如 192.168.100.100）、子网掩码、默认网关和 DNS 服务等（一般只需设置 IP 地址即可）。在"输入端口号"中，设定用于与传感器控制器进行数据输入的端口编号（假设为 1 400），其要与主机侧的端口号相同。最后，依次单击"适用"与"关闭"按钮，如图 6-22 所示。返回主界面后，重复第（3）步保存工作，设置完成后，关闭界面。

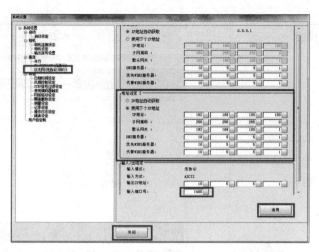

图 6-22 以太网（无协议（TCP））参数设置图

2. 机器人通信设置

视觉检测模块的主要任务是为 ABB 工业机器人提供检测结果数据。机器人通过 TCP/IP 协议对视觉检测模式进行控制和数据采集。机器人通信 IP 配置详见项目二任务二。

四、检测成像调节

拍摄被测物体关键部位的特征以得到高质量的光学图像，是图像采集的首要任务。视觉检测之前要确认成像清晰度、大小、位置等是否符合检测要求，可以通过调节光源亮度、镜头焦距、物距以及光圈的大小，使成像的轮廓更加清晰，显示更加明亮。成像调节详见表 6-1。

表 6-1 检测成像调节步骤

序号	描述	步骤
1	单击显示窗口的状态显示按钮，将相机图像显示模式改为动态显示。	

序号	描述	步骤
2	将零件移动至相机上方，使检测区域成像尽可能地处于显示器位置的中间，初步确定视觉检测点位。	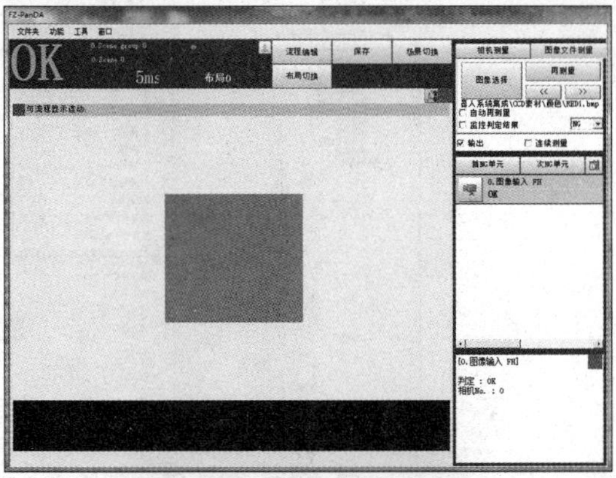
3	打开光源开关3，旋转光源控制器旋转按钮4，调节光源亮度。	
4	松开图示锁定螺钉1，旋转镜头外圈，调整镜头焦距，使图像显示清晰。 若在调节过程中始终无法得到合格的成像，则检测点位于镜头焦距范围之外，需要调整检测点位的位置，直至得到合格的成像。	
5	松开图示锁定螺钉2，旋转镜头光圈，调整显示进光量和景深，使图像局部特征显示更加清晰。	

续表

序号	描述	步骤
6	新建点位数据，记录确定的检测点数据。	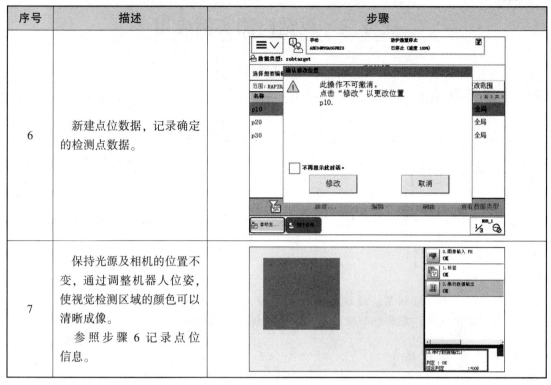
7	保持光源及相机的位置不变，通过调整机器人位姿，使视觉检测区域的颜色可以清晰成像。 参照步骤 6 记录点位信息。	

任务三　视觉检测实例应用

【励志微语】

最好的，不一定是最合适的；最合适的，才是真正最好的。

【学习目标】

掌握工件的标签颜色、二维码、角度等流程的编辑，能够实现视觉检测与结果回传。

【任务描述】

现有一组汽车轮毂模型，通过视觉检测工作站实现标签颜色、二维码等流程的编辑。分组讨论与实操训练，完成一个轮毂不同区域的视觉流程的编辑、视觉检测与结果的回传。

【任务知识库】

在视觉检测软件中，分别为标签颜色、二维码、形状等分配不同的场景组和场景，从而编辑检测流程。

一、编辑检测标签流程

本任务要求检测绿色标签判定为"OK"，输出结果为"0009"；检测红色标签判定为"NG"，输出结果为"0007"。步骤详见表6-2。

检测标签实例

表6-2　检测标签流程

序号	描述	步骤
1	通过机器人将工件（标签位置）移至视觉检测区域的相关检测点位。（图示为图像静态测量）	

续表

序号	描述	步骤
2	单击"场景切换"按钮，将场景组切换为"1.Scene group 1"，场景切换为"0.Scene 0"，单击"确定"按钮。	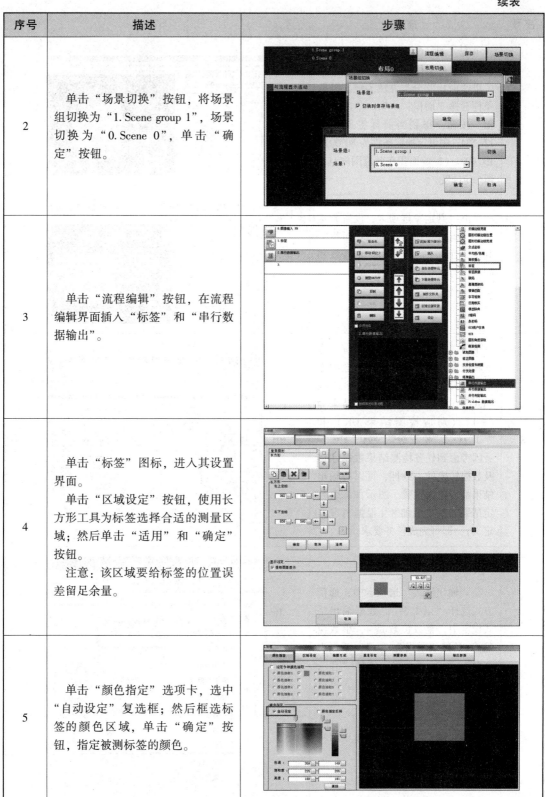
3	单击"流程编辑"按钮，在流程编辑界面插入"标签"和"串行数据输出"。	
4	单击"标签"图标，进入其设置界面。 单击"区域设定"按钮，使用长方形工具为标签选择合适的测量区域；然后单击"适用"和"确定"按钮。 注意：该区域要给标签的位置误差留足余量。	
5	单击"颜色指定"选项卡，选中"自动设定"复选框；然后框选标签的颜色区域，单击"确定"按钮，指定被测标签的颜色。	

225

序号	描述	步骤
6	单击"测量参数"选项卡，设定标签的测量项目。 以"面积"分类方法为例，抽取条件选择"面积"一项。单击"测量"按钮，得到当前标签面积为127 534，则设定抽取条件为80 000~150 000。（标签面积在此范围内且预留一定阈度）	
7	单击"判定"选项卡，设置判定条件"0：标签数"和"1：面积"。其中，面积的范围与测量参数相同，均为3 000~6 000，单击"确定"按钮，完成"标签"流程设定。	
8	单击"串行数据输出"图标，进入其设置界面。在"设定"选项卡中，选定综合判定函数表达式"TJG"，该函数的直接输出结果为"+1"（对应检测结果 OK）和"−1"（对应检测结果 NG）。 因考虑到任务检测结果数据回传及数据转换的一致性，可以将输出结果都转化为正数。图示在综合判定结果的基础上加8（根据情况自定义），即可完成任务要求。	
9	在"输出格式"选项卡中，通信方式选择"以太网"。数据输出格式设定中，整数位数是4，小数位是0。负数表示设为"−"，整数表示设为"+"。"消零"选择"有"，即检测数值不足设定位数时，可以自动补零，确保传输数据格式的一致性。 单击"确定"按钮，完成"串行数据输出"流程设置。	

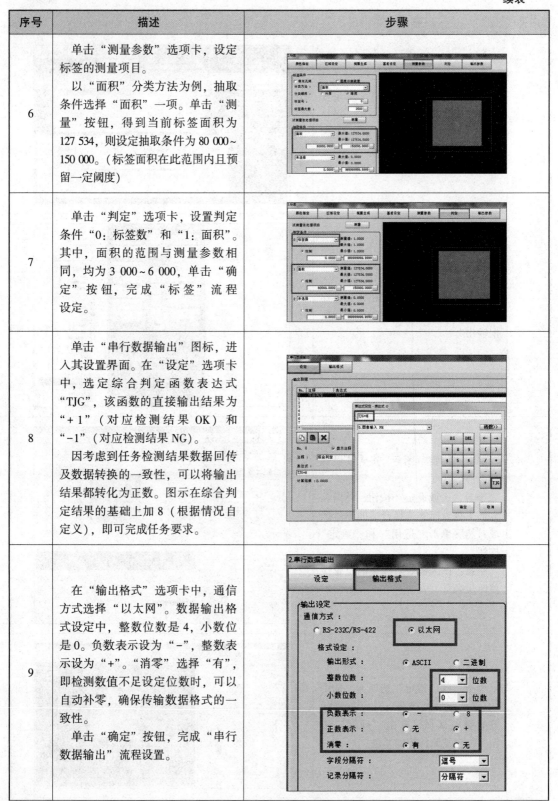

序号	描述	步骤
10	完成设置后，分别检测不同颜色的标签，执行测量，查看测量结果是否与设置的模板一致。 　　当标签颜色为绿色时，检测应判定为"OK"，表达式结果为"0009"；当标签颜色为红色时，检测应判定为"NG"，表达式结果为"0007"。 　　在"功能"下拉菜单中，单击"保存"按钮，保存标签检测流程。	

二、编辑检测二维码流程

本任务要求检测出二维码隐藏的字符（0001），详见表6-3。

检测二维码实例

表6-3　检测二维码流程

序号	描述	步骤
1	单击"场景切换"按钮，将场景组切换为"1.Scene group 1"，场景切换为"1.Scene 1"，单击"确定"按钮。	
2	单击"流程编辑"按钮，在流程编辑界面插入"二维码"。	

序号	描述	步骤
3	单击二维码图标，进入其设置界面。 单击"区域设定"选项卡，使用长方形工具为标签选择合适的测量区域，然后单击"适用"和"确定"按钮。 注意：该区域要给标签的位置误差留足余量。	
4	单击"测量参数"选项卡，读取模式选择"DPM"，在"显示设定"下勾选"结果字符串显示"，单击"确定"按钮。	
5	单击"输出参数"选项卡，"通信输出"选择"以太网"，"读取字符输出"的范围选择"1-4"，为检测结果设定位数。选中"输出错误字符"复选框，如填写"99"，意为在执行二维码检测流程时未检测到二维码，则输出结果"0099"。	
6	完成设置后，分别检测不同数值的二维码，执行测量，查看测量结果是否与实际二维码的数值一致；在"功能"下拉菜单中，选择"保存"命令，保存二维码检测流程。	

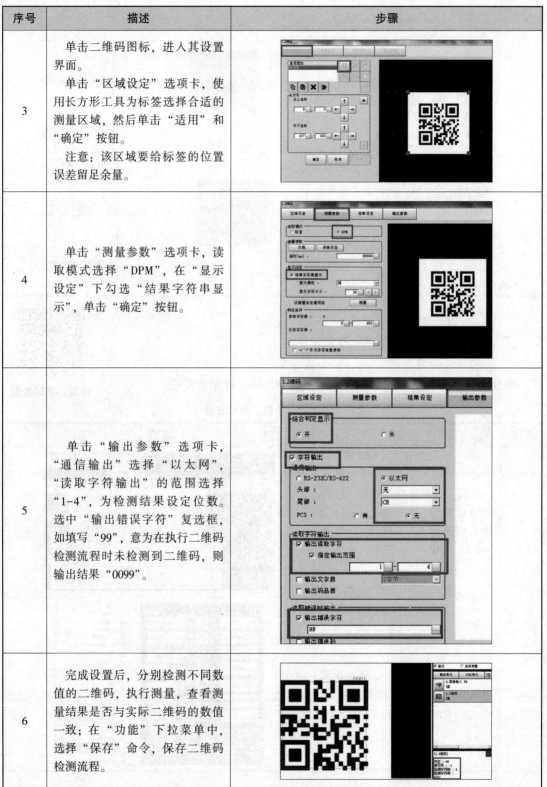

三、编辑检测角度流程

本任务要求根据物体特征形状检测其定位角度，详见表6-4。

检测形状实例

表6-4　检测形状流程

序号	描述	步骤
1	单击"场景切换"按钮，将场景组切换为"1. Scene group 1"，场景切换为"2. Scene 2"，单击"确定"按钮。	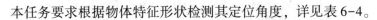
2	单击"流程编辑"按钮，在流程编辑界面插入"形状搜索Ⅲ"和"串行数据输出"。	
3	单击"形状搜索Ⅲ"图标，进入其设置界面。 　　单击"模型登录"选项卡，单击"编辑"按钮，然后使用长方形工具选择合适的特征区域，单击"适用"和"确定"按钮。 　　注意：该区域要尽可能精确。	
4	单击"区域设定"选项卡，单击"编辑"按钮，然后使用椭圆形工具为标签选择合适的测量区域，单击"适用"和"确定"按钮。 　　注意：该区域要给标签的位置误差留足余量。	

序号	描述	步骤
5	单击"测量参数"选项卡，在"判断"栏调节"相似度"区间，本例设定为"75～100"，然后单击"确定"按钮。	
6	单击"串行数据输出"图标，进入其设置界面。在"设定"选项卡中，单击"表达式"后的"…"按钮。 将光标定位在如图所示位置，然后选择"1.形状搜索Ⅲ"中的"测量角度TH"，最后单击"确定"按钮完成设置。	
7	将光标定位在如图所示位置，然后选择"1.形状搜索Ⅲ"中的"判定JG"，最后单击"确定"按钮完成设置。	

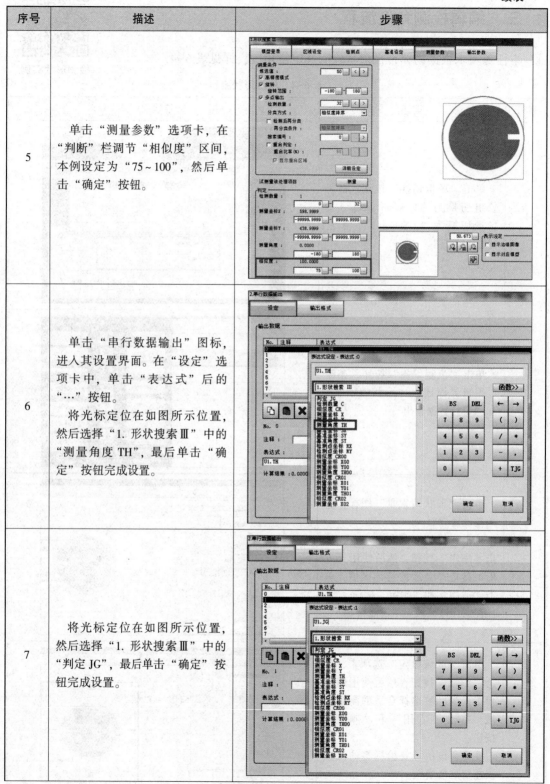

序号	描述	步骤
8	在"输出格式"选项卡中，通信方式选择"以太网"。数据输出格式设定中，整数位数是3，小数位是0。负数表示设为"－"，整数表示设为"＋"。"消零"选择"有"，即检测数值不足设定位数时可以自动补零，确保传输数据格式的一致性。 　　单击"确定"按钮，完成"串行数据输出"流程设置。	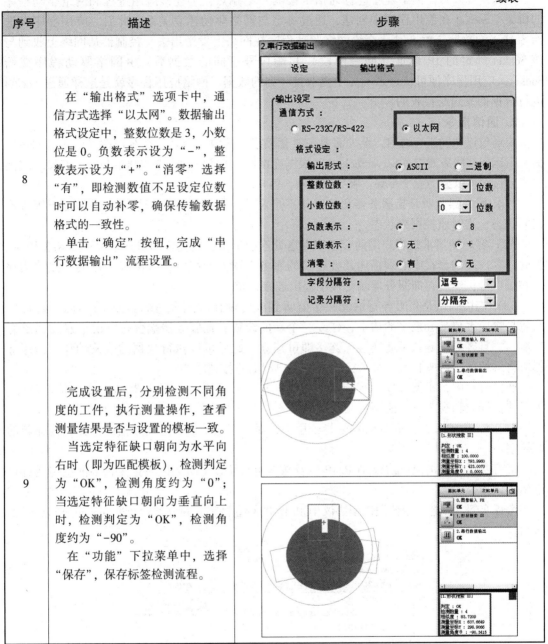
9	完成设置后，分别检测不同角度的工件，执行测量操作，查看测量结果是否与设置的模板一致。 　　当选定特征缺口朝向为水平向右时（即为匹配模板），检测判定为"OK"，检测角度约为"0"；当选定特征缺口朝向为垂直向上时，检测判定为"OK"，检测角度约为"－90"。 　　在"功能"下拉菜单中，选择"保存"，保存标签检测流程。	

四、视觉检测与结果回传

1. 套接字（Socket）

　　套接字是支持 TCP/IP 网络通信的基本操作单元，可看作不同主机之间的进程进行双向通信的"桥梁"及端点，简单地说，就是通信双方的一种约定，用套接字中的相关函数来完成通信的过程。

视觉检测与结果回传

231

Socket 可以看作两个程序进行通信链接的一个端点，是连接应用进程和网络驱动程序的桥梁。Socket 在应用程序中创建，通过绑定与网络驱动建立关系。此后，应用程序发送给 Socket 的数据，由 Socket 交给网络驱动程序在网络上发送出去。控制器从网络上收到与该 Socket 绑定的 IP 地址（同一网段）和端口号相同的数据后，由网络驱动程序交给 Socket，应用程序便可从该 Socket 中提取接收到的数据，网络应用程序就是这样通过 Socket 进行数据的发送与接收的。

2. 通信指令

要通过以太网进行通信，至少需要一对套接字，其中一个运行在客户端（ClientSocket），另一个运行在服务器端（ServerSocket）。根据连接启动的方式以及要连接的目标，套接字之间的连接过程可以分为三个步骤：服务器监听，客户端请求，连接确认。

（1）服务器监听是指服务器套接字并不是定位具体的客户端套接字，而是处于等待连接的状态，实时监控网络状态。

（2）客户端请求是客户端的套接字发送处连接请求，要连接的目标是服务器端套接字。为此，客户端的套接字必须描述其要连接的服务器端的套接字，指出服务器端套接字的地址和端口号，然后再向服务器端套接字提出连接请求。

（3）连接确认是当服务器端套接字监听到或者说接收到客户端套接字的连接请求时，它就是响应客户端套接字的请求，建立一个新的线程，把服务器端套接字的信息发送给客户端，一旦客户端确认了此连接，连接即可建立，此后可以执行数据的收发动作。而服务器端将继续处于监听状态，继续接收其他客户端的连接请求。

通信过程中，机器人作为客户端，需要向视觉控制系统（服务器端）发出请求指令。为了使机器人和视觉系统能顺利完成检测任务所需要的通信，机器人需要如下指令：

（1）SocketCreate。SocketCreate 指令用于针对基于通信或非连接通信的连接，创建新的套接字。

带有交付保证的流型协议 TCP/IP 以及数据电报协议 UDP/IP 的套接收字消息传送都可以使用该指令。

编程实例：创建一个使用流型协议 TCP/IP 的新套接字，并分配到变量 socket，如图 6-23 所示。

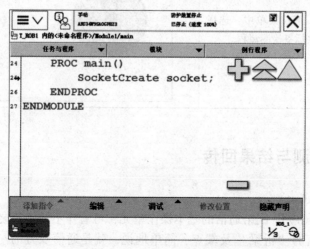

图 6-23　SocketCreate 指令实例

（2）SocketConnect。SocketConnect 指令用于将套接字与远程计算机进行连接。

编程实例：尝试与 IP 地址 192.168.100.100 和端口号为 1400 的远程计算机相连，连接等待最长时间为 300 s，如图 6-24 所示。

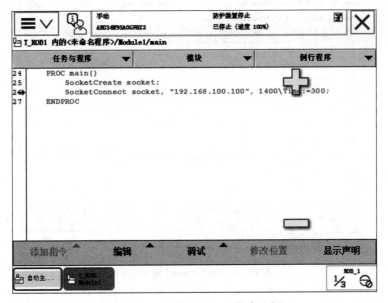

图 6-24 SocketConnect 指令实例

（3）SocketSend。SocketSend 指令用于向远程计算机发送数据。

编程实例：向远程计算机发送"Hello"消息，如图 6-25 所示。

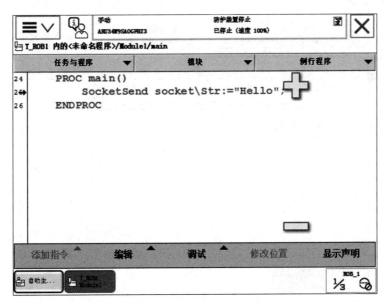

图 6-25 SocketSend 指令实例

（4）SocketReceive。SocketReceive 指令用于从远程计算机接收数据。

编程实例：从远程计算机接收数据，并将其存储到字符串变量 Strread 中，如图 6-26 所示。

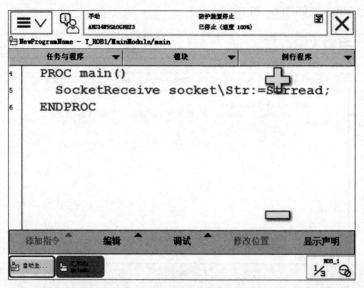

图 6-26 SocketSend 指令实例

（5）StrPart。StrPart（String Part）指令用于寻找一部分字符串，并将它作为一个新的字符串。

编程实例：从字符串中提取第 1 位后面的连续 5 位字符（即 Robot），并赋给新的字符串变量 part，如图 6-27 所示。

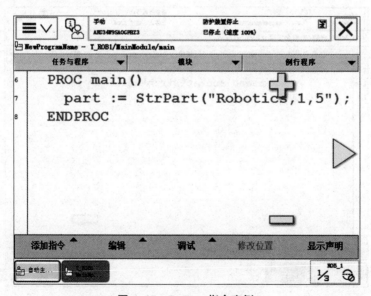

图 6-27 StrPart 指令实例

（6）SocketClose。当不再使用套接字连接时，使用 SocketClose 指令来关闭。

编程实例：关闭套接字，如图 6-28 所示。

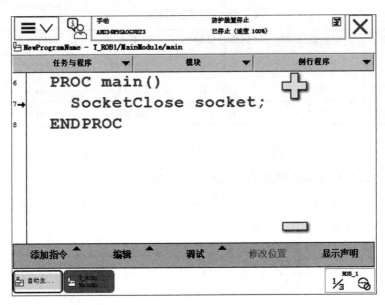

图 6-28　SocketClose 指令实例

本任务使用到的视觉控制指令有三种：选择场景组、选择场景和执行测量，其系统通信代码详见表 6-5。

表 6-5　通信代码

命令格式	功能
SG a	切换所使用的场景组编号 a（num 类型）
S b	切换所使用的场景编号 b（num 类型）
M	执行一次测量

3. 结果回传

按照本任务中"编辑检测标签流程"的输出要求设置时，视觉控制器通过无协议方式回传至机器人的检测结果如图 6-29 所示。

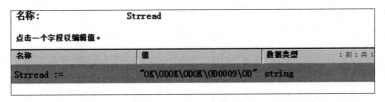

图 6-29　检测结果回传字符

回传结果（反馈数据）格式与命名格式相互对应，视觉系统回传至机器人的检测结果字符见表 6-6。其中，测量结果的显示格式与视觉检测流程输出设置有关，具体操作可回顾本任务中"编辑检测标签流程"。

表 6-6　回传结果

反馈数据对象	场景组切换完毕	场景切换完毕	测量成功	测量结果	后缀
"二维码"-1	OK\OD	OK\OD	OK\OD	0001	\OD\OD
"标签颜色"-绿	OK\OD	OK\OD	OK\OD	0009	\OD
"标签颜色"-红	OK\OD	OK\OD	OK\OD	0007	\OD

ABB 机器人与视觉检测模块通信实例见表 6-7。对于回传结果的字符串，可以利用 Str-Part 函数从中截取能代表测量结果的字符串作为视觉最终的检测结果。如图 6-30 所示，以二维码反馈数据的截取为例，其中 "\OD" 算作一个字符，图示为从第 12 个字符开始，向后截取 2 位字符，截取结果即为 "01"。

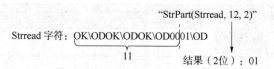

图 6-30　StrPart 函数应用

表 6-7　通信实例

序号	程序	
1	**PROC rCamera( )**	
2	SocketCreateSocket;	//创建新套接字;
3	SocketConnectSocket," 192. 168. 100. 100 ", 1400 \ Time: = 300;	//连接远程计算机;
4	TPWrite" socket client initial ok";	//显示连接成功;
5	SocketSendSocket\Str: = "SG 1";	//触发 CCD 切换场景组 1;
6	WaitTime0. 5;	//等待 0. 5 s;
7	SocketSendSocket\Str: = "S 0";	//触发 CCD 切换场景 0;
8	WaitTime0. 5;	//等待 0. 5 s;
9	SocketSendSocket\Str: = "M";	//触发 CCD 拍照;
10	WaitTime0. 5;	//等待 0. 5 s;
11	SocketReceiveSocket\Str: = Strread\Time: = 60;	//接收 CCD 发送字符串数据存储在变量 Strread 中;
12	SrtCCD_Result: = StrPart(Strread,12,2);	//变量赋值;
13	SocketCloseSocket;	//关闭套接字;
14	**ENDPROC**	

《工业机器人现场编程（ABB）》
任务工作页

项目一

工业机器人基础

任务一　机器人基本知识

【任务描述】

在学习工业机器人之前，要求学习者去网上搜集工业机器人相关基础知识资料。通过机器人的起源、发展历史以及应用领域认识机器人，让学习者对机器人产生兴趣。

一、课前准备

课前完成学习任务：从网络课堂接收任务，通过查询互联网、图书资料，分析有关信息，然后分组进行机器人基本知识的学习。

1. 填空题

（1）机器人未来将向_____和_____方向发展。

（2）机器人按驱动形式分类：气压驱动、_____、_____。按用途分类：_____、_____。

2. 单项选择题

（1）按发展历程分类，从低级到高级的发展程度可分为（　　）机器人。

A. 二类　　　　　B. 三类　　　　　C. 四类　　　　　D. 五类

（2）工业机器人按驱动形式分类，可以分为气压驱动、液压驱动、（　　）三类。

A. 电驱动　　　　B. 磁驱动　　　　C. 新能源驱动　　　D. 太阳能驱动

（3）在中国地区，工业机器人活力最好的区域为（　　）地区。

A. 西部地区　　　B. 珠三角　　　　C. 长三角　　　　D. 京津冀

（4）1960 年，（　　）"联合控制公司"根据 Devol 的专利技术，研制出第一台真正意义上的工业机器人。

A. 日本　　　　　B. 德国　　　　　C. 英国　　　　　D. 美国

（5）工业机器人四大家族品牌为 ABB、（　　）、FANUC、YASKAWA。

A. KUKA　　　　B. KAWASAKA　　　C. 汇博　　　　　D. 新松

（6）动力学的研究内容是将机器人的（　　）联系起来。

A. 运动与控制　　　　　　　　　　B. 传感器与控制

C. 结构与运动　　　　　　　　　　D. 传感系统与运动

（7）机器人轨迹控制过程需要通过求解（　　），获得各个关节角的位置控制系统的设定值。

A. 运动学正问题　　　　　　　　　B. 运动学逆问题

C. 动力学正问题　　　　　　　　　D. 动力学逆问题

二、任务实施

1. 小组分工

小组信息	班　　级			日　　期	
	小组名称			组　　长	
	岗位分工				
	成　　员				

注意：小组成员共同讨论工作过程，查找并完成相应任务信息。

2. 任务引导

（1）观看相关视频，举例说明工业机器人的应用领域。

（2）Robot 一词最早出现在什么地方？

（3）分别列出古代有哪些"机器人"。

（4）哪国研制出了当代第一台真正意义上的工业机器人？

（5）分析机器人主要有哪几种分类方式，列出每种分类方式有哪些。

（6）中英翻译。

工业机器人：　　　　　　　　　　　　　　现场编程：

3. 成果分享

每个小组将任务实施结果上传至线上教学平台，由 1~2 个小组分别展示和讲解任务实施过程。

4. 问题反思

（1）智能汽车属于机器人领域吗？

（2）日常生活中有哪些设备或设施属于机器人领域？

三、检查与评价

小组成员各自完成"自我评价"，组长完成"小组评价"，教师完成"教师评价"，整理电脑与实训设备，做好 6S 管理工作。

任务评价表

序号	检查项目	自我评价	小组评价	教师评价	分值分配
1	完成课前预习与任务练习				20
2	能正确说出机器人应用领域				10
3	能正确列举古代机器人				10
4	能正确说出机器人定义				10
5	能正确说出机器人发展趋势				10
6	完成工作任务全部内容				20
7	做好 6S 管理工作				10
8	态度端正，工作认真				5
9	遵守纪律，团结协作				5
10	合　　计				100
11	拓展项目				
12	总　　分				

评价说明：

总分＝"自我评价"×20%＋"小组评价"×20%＋"教师评价"×60%＋拓展项目。

如有拓展项目，每完成一个拓展项目，总分加 10 分。

四、总结与反思

（1）学到的新知识点有哪些？

（2）掌握的新技能点有哪些？

（3）对自己在本次任务中的表现是否满意？写出课后反思。

五、拓展任务

（1）国际标准化组织（ISO）对机器人的定义是什么？

（2）机器人可以分为哪三代？各时期的特点是什么？

任务二　机器人结构与编程

【任务描述】

在掌握工业机器人基础知识之上，学习识别机器人的结构和编程方式。通过工业机器人机械结构、电气架构的认知和拆装，实现识别机器人机械组成、电气组成、性能参数以及编程方式等。

一、课前准备

课前完成学习任务：从网络课堂接收任务，通过查询互联网、图书资料，分析有关信息，然后分组进行机器人结构与编程认知的学习。

1. 填空题

（1）机器人的控制方式有_____、_____、_____和自主控制方式。

（2）机器人系统四大部分：机器人执行机构、_____、_____、_____。

2. 单项选择题

（1）工业机器人的 6 个关节采用（　　）控制。

A. 伺服电动机　　　　　　　　　　B. 步进电动机

C. 直流减速电动机　　　　　　　　D. 交流异步电动机

（2）安川机器人属于（　　）。

A. 日本　　　　B. 挪威　　　　C. 俄罗斯　　　　D. 美国

（3）传感器是一种能把物理量或化学量转变成便于利用的（　　）的器件。

A. 电阻信号　　　B. 电压信号　　　C. 电信号　　　D. 电流信号

（4）机器人的（　　）是机器人末端的最大速度。

A. 工作速度　　　B. 运动速度　　　C. 最大工作速度　　D. 最佳工作速度

（5）工作范围是指机器人（　　）或手腕中心所能到达的点的集合。

A. 机械手　　　B. 手臂末端　　　C. 手臂　　　D. 行走部分

（6）在机器人操作中，决定姿态的是（　　）。

A. 末端工具　　　B. 基座　　　C. 手臂　　　D. 手腕

（7）通常对机器人进行示教编程时，要求最初程序点与最终程序点的位置（　　），以提高工作效率。

A. 相同　　　B. 不同　　　C. 无所谓　　　D. 分离越大越好

（8）用来表征机器人重复定位其手部到达同一目标位置的能力的参数是（　　）。

A. 重复定位精度　　B. 速度　　　C. 工作范围　　　D. 定位精度

（9）允许机器人手臂各零件之间发生相对运动的机构称为（　　）。

A. 机座　　　B. 机身　　　C. 手腕　　　D. 关节

二、任务实施

1. 小组分工

小组信息	班　　级			日　　期	
	小组名称			组　　长	
	岗位分工				
	成　　员				

注意：小组成员共同讨论工作过程，查找并完成相应任务信息。

2. 任务引导

（1）观看相关视频，讨论并列举工业机器人的基本组成。

（2）工业机器人的机械结构由哪几部分组成？

（3）生活中常见的有哪些机器人？各有什么特点？

（4）工业机器人编程方式有哪些类型？

（5）"示教再现"编程有哪些特点？

（6）中英翻译。

机械结构：　　　　　　　　　　　　　　　示教再现：

3. 成果分享

每个小组将任务实施结果上传至线上教学平台，由1~2个小组分别展示和讲解任务实施过程。

4. 问题反思

（1）工业机器人的关节数一定是六轴的吗？工业中常用的机器人是几轴？

（2）工业机器人精度与重复定位精度是不是同一概念？有什么区别？

三、检查与评价

小组成员各自完成"自我评价"，组长完成"小组评价"，教师完成"教师评价"，整理电脑与实训设备，做好6S管理工作。

任务评价表

序号	检查项目	自我评价	小组评价	教师评价	分值分配
1	完成课前预习与任务练习				20
2	能正确说出工业机器人组成				10
3	能正确列举生活中机器人				10
4	能正确说出机器人机械结构				10
5	能正确说出机器人技术参数				10
6	完成工作任务全部内容				20
7	做好6S管理工作				10
8	态度端正，工作认真				5
9	遵守纪律，团结协作				5
10	合　计				100
11	拓展项目				
12	总　分				

评价说明：

总分="自我评价"×20%+"小组评价"×20%+"教师评价"×60%+拓展项目。

如有拓展项目，每完成一个拓展项目，总分加10分。

四、总结与反思

（1）学到的新知识点有哪些？

（2）掌握的新技能点有哪些？

（3）对自己在本次任务中的表现是否满意？写出课后反思。

五、拓展任务

六自由度工业机器人在其臂长区域空间内任一点是否都可到达？

任务三 机器人传感技术

【任务描述】

现有一套机器人集成电气模拟设备，需要万用表实现传感器信号的采集。将万用表接入机器人的内部或外部传感器，操作机器人集成设备使之动作，使传感器的信号发生变化，通过万用表读出传感器的信号。

一、课前准备

课前完成学习任务：从网络课堂接收任务，通过查询互联网、图书资料，分析有关信息，然后分组进行机器人传感技术认知的学习。

1. 填空题

（1）传感器是测量系统中的一种_____，它将输入变量转换成可供测量的信号。

（2）内部传感器是以机器人本身的坐标轴来确定其位置的，安装在机器人自身中，用来感知机器人自己的状态，以_____、_____机器人的行动。

2. 单项选择题

（1）编码器分为增量式编码器和（　　）编码器。

A. 相对式　　　　　B. 减量式　　　　　C. 绝对式　　　　　D. 变量式

（2）典型的视觉系统一般包括光源、光学系统、（　　）、图像处理单元（或图像采集卡）、图像分析处理软件、监视器、通信/输入输出单元等。

A. 相机　　　　　B. 镜头　　　　　C. 放大装置　　　　　D. 前置单元

（3）旋转变压器是一种输出电压随转子（　　）变化的信号元件。

A. 角度　　　　　B. 弧度　　　　　C. 电流　　　　　D. 转角

（4）传感器的运用，使得机器人具有了一定的（　　）能力。

A. 一般　　　　　B. 重复工作　　　　　C. 识别判断　　　　　D. 逻辑思维

（5）光电开关的接收器根据所接收到的光线强弱对目标物体实现探测，产生（　　）。

A. 开关信号　　　　　B. 压力信号　　　　　C. 警示信号　　　　　D. 频率信号

（6）机器人每次能回到它的各自轴零点，靠的是（　　）装置。

A. 机械准星　　　　　B. 编码器　　　　　C. 控制器　　　　　D. 内部存储器

（7）机器视觉系统是一种（　　）的光传感系统，同时集成软硬件，综合现代计算机、光学、电子技术。

A. 非接触式　　　　　B. 接触式　　　　　C. 自动控制　　　　　D. 智能控制

（8）视觉应用中，随着工作距离变大，视野相应（　　）。

A. 不变　　　　　B. 变小　　　　　C. 变大　　　　　D. 不确定

（9）传感器的运用，使得机器人具有了一定的（　　）能力。

A. 一般　　　　　　B. 重复工作　　　　C. 识别判断　　　　D. 逻辑思维

（10）伺服控制系统一般包括控制器、被控对象、执行环节、比较环节和（　　）。

A. 换向结构　　　　B. 转换电路　　　　C. 存储电路　　　　D. 检测环节

（11）以下属于工业机器人内部传感器的是（　　）。

A. 视觉传感器　　　B. 力觉传感器　　　C. 距离传感器　　　D. 速度传感器

（12）用于检测物体接触面之间相对运动大小和方向的传感器是（　　）。

A. 接近觉传感器　　B. 接触觉传感器　　C. 滑动觉传感器　　D. 压觉传感器

二、任务实施

1. 小组分工

小组信息	班　　级		日　　期	
	小组名称		组　　长	
	岗位分工			
	成　　员			

注意：小组成员共同讨论工作过程，查找并完成相应任务信息。

2. 任务引导

（1）什么是传感器？一般由哪几部分组成？

（2）生活中有哪些地方或设备用到了传感器？起到了什么作用？

（3）简述电位器的工作原理。

（4）简述霍尔式传感器的工作原理。

（5）机器人视觉系统的主要作用有哪些？

（6）中英翻译。

传感器：　　　　　　　　　　　　视觉：

3. 成果分享

每个小组将任务实施结果上传至线上教学平台，由 1~2 个小组分别展示和讲解任务实施过程。

4. 问题反思

工业机器人安装上视觉系统以后，是否可以再次减轻人工劳动强度？

三、检查与评价

小组成员各自完成"自我评价"，组长完成"小组评价"，教师完成"教师评价"，整理电脑与实训设备，做好 6S 管理工作。

任务评价表

序号	检查项目	自我评价	小组评价	教师评价	分值分配
1	完成课前预习与任务练习				20
2	能正确说出传感器定义				10
3	能正确列举传感器应用				10
4	能正确说出编码器分类				10
5	能说出电容式传感器原理				10
6	完成工作任务全部内容				20
7	做好 6S 管理工作				10
8	态度端正，工作认真				5
9	遵守纪律，团结协作				5
10	合　　计				100
11	拓展项目				
12	总　　分				

评价说明：

总分＝"自我评价"×20%＋"小组评价"×20%＋"教师评价"×60%＋拓展项目。

如有拓展项目，每完成一个拓展项目，总分加 10 分。

四、总结与反思

（1）学到的新知识点有哪些？

（2）掌握的新技能点有哪些？

（3）对自己在本次任务中的表现是否满意？写出课后反思。

五、拓展任务

举例说明日常生活中哪些设备用到了传感器。简述其工作原理。

项目二

ABB 工业机器人基本操作

任务一 工业机器人认知

⊙【任务描述】

在认识 ABB 工业机器人之前，登录 ABB 工业机器人官方网站查阅 ABB 工业机器人的基础知识。研讨 ABB 工业机器人的发展历程、机器人分类与用途，识别 IRC5 Compact 控制器前面板按钮和开关布局。

一、课前准备

课前完成学习任务：从网络课堂接收任务，通过查询互联网、图书资料，分析有关信息，然后分组进行 ABB 工业机器人认知的学习。

1. 填空题

（1）ABB 工业机器人产品主要分为_____、_____、_____和_____几类。

（2）目前 ABB 工业机器人主要使用的是第五代机器人控制器_____。

2. 单项选择题

（1）2009 年，ABB 公司推出全球精度最高、速度最快的六轴小型机器人（　　）。

A. IRB120　　　　　　　　　　　　B. IRB1200

C. IRB120T　　　　　　　　　　　　D. IRB360

（2）机器人（　　）是工业机器人最为核心的零部件之一，对机器人的性能起着决定性的影响，在一定程度上影响着机器人的发展。

A. 传感器　　　　　B. 电源　　　　　C. 机械系统　　　　　D. 控制器

（3）IRC5 控制器主要包含两个模块：（　　）和（　　）。

A. Speed Module　　　　　　　　　　B. Control Module

C. Drive Module　　　　　　　　　　D. Senor Module

（4）（　　）优先于任何其他机器人控制操作，它会切断机器人电动机的驱动电源，停止所有运转部件，并切断由机器人系统控制且存在潜在危险的功能部件的电源。

A. 加速操作 　　　　　　　　　　B. 减速操作

C. 紧急停止 　　　　　　　　　　D. 使能按钮

（5）当电气设备（例如机器人或控制器）起火时，应当使用（　　）灭火器。

A. 干粉 　　　　　　　　　　　　B. 二氧化碳

C. 水基型 　　　　　　　　　　　D. 泡沫

（6）关于机器人操作，下列说法错误的是（　　）。

A. 不要佩戴手套操作示教盒

B. 工作结束时，应将机器人置于零位位置或安全位置

C. 操作人员只要保持在机器人工作范围外，可不佩戴防具

D. 操作人员必须经过培训上岗

（7）将 ABB IRB120 机器人伺服电动机编码器接口板数据传送给控制器的是（　　）。

A. 电动机动力电缆线 　　　　　　B. 编码器电缆线

C. 示教盒电缆线 　　　　　　　　D. 电源线

（8）ABB IRB120 机器人本体基座上不包含（　　）。

A. 集成气源接口 　　　　　　　　B. 集成信号接口

C. 动力电缆接口 　　　　　　　　D. 示教器接口

（9）以下对 ABB IRB120 型机器人的描述，不正确的是（　　）。

A. 重复定位精度±0.01 mm 　　　B. 额定负载 3 kg

C. 工作范围为 0~580 mm 　　　　D. 本体质量 3 kg

（10）在防静电场所，下列行为正确的是（　　）。

A. 穿防静电服时，必须与防静电鞋配套使用

B. 在防静电服上需附加或佩戴金属物件

C. 可在易燃易爆物附近穿脱防静电服

D. 穿防静电服后，便可随意触碰防静电场所内物品

（11）机器人动作速度较快，存在危险性，操作人员应负责维护工作站正常运转秩序，（　　）。

A. 只有领导和工作人员可以进入工作区域

B. 严禁非工作人员进入工作区域

C. 清洁人员和工作人员可以进入工作区域

D. 领导和清洁人员可以进入工作区域

（12）示教器不能（　　）。

A. 放在机器人控制柜上 　　　　　B. 随手携带

C. 放在变位机上 　　　　　　　　D. 挂在操作位置

二、任务实施

1. 小组分工

小组信息	班　　级			日　　期	
	小组名称			组　　长	
	岗位分工				
	成　　员				

注意：小组成员共同讨论工作过程，查找并完成相应任务信息。

2. 任务引导

（1）ABB 工业机器人产品主要有哪几种类型？

（2）ABB 工业机器人主要用途有哪些？

（3）IRC5 Compact 控制器前面板按钮和开关布局有哪些？

（4）工业机器人在操作的时候有哪些安全注意事项？

（5）在机器人运动过程中，何种情况下进行紧急停止操作？

（6）中英翻译。

紧急停止：   控制器：

3. 成果分享

每个小组将任务实施结果上传至线上教学平台，由 1~2 个小组分别展示和讲解任务实施过程。

4. 问题反思

IRB120 工业机器人是否只能配套 IRC5 紧凑版的控制器？

三、检查与评价

小组成员各自完成"自我评价"，组长完成"小组评价"，教师完成"教师评价"，整理电脑与实训设备，做好 6S 管理工作。

任务评价表

序号	检查项目	自我评价	小组评价	教师评价	分值分配
1	完成课前预习与任务练习				20
2	能说出 ABB 工业机器人的类型				10
3	能说出工业机器人常见的用途				10
4	能说出机器人安全注意事项				10
5	能说出机器人安全操作规范				10
6	完成工作任务全部内容				20
7	做好 6S 管理工作				10
8	态度端正，工作认真				5
9	遵守纪律，团结协作				5
10	合　　计				100
11	拓展项目				
12	总　　分				

评价说明：

总分＝"自我评价"×20%＋"小组评价"×20%＋"教师评价"×60%＋拓展项目。

如有拓展项目，每完成一个拓展项目，总分加 10 分。

四、总结与反思

（1）学到的新知识点有哪些？

（2）掌握的新技能点有哪些？

（3）对自己在本次任务中的表现是否满意？写出课后反思。

五、拓展任务

（1）操作或维修机器人时，如何做好静电放电防护？

（2）日常使用过程中如何确保机器人示教器的安全？

任务二　示教器基本设置

【任务描述】

现有 ABB IRB120 型号工业机器人一套，根据知识库内容能识别示教器的界面组成与功能，完成示教器的语言与系统时间设置。

一、课前准备

课前完成学习任务：从网络课堂接收任务，通过查询互联网、图书资料、ABB 工业机器人操作员手册，然后分组进行 ABB 示教器基础设置的学习。

1. 填空题

（1）ABB 机器人示教器的名称是＿＿＿＿＿＿＿＿。

（2）使用 FlexPendant 时，应当用＿＿＿＿＿＿触摸屏幕，切记不要使用螺丝刀或者其他尖锐的物品，以免损坏屏幕。

2. 单项选择题

（1）（　　）按钮是为保证操作人员人身安全而设计的。

A. 使能　　　　　　B. 停止　　　　　　C. 切换　　　　　　D. 减速

（2）示教器上的复位按钮会重置（　　）。

A. 机器人控制器　　B. FlexPendant　　C. 主计算机　　　　D. 检测装置

（3）示教器出厂时，默认的显示语言为（　　）。

A. 日语　　　　　　B. 德语　　　　　　C. 中文　　　　　　D. 英语

（4）为了方便进行文件的管理和故障的查阅与管理，在进行各种操作之前，要将机器人系统的时间设定为（　　）时区的时间。

A. 中国　　　　　　B. 本地　　　　　　C. 英国　　　　　　D. 美国

（5）使用示教盒操作机器人时，按下使能键，（　　）模式下无法获得使能。

A. 手动　　　　　　B. 自动　　　　　　C. 示教　　　　　　D. 增量

（6）示教编程器上安全开关握紧为 ON 状态，松开为 OFF 状态，当握紧力过大时，为（　　）状态。

A. OFF　　　　　　B. ON　　　　　　　C. 不变　　　　　　D. 急停报错

（7）示教盒的作用不包括（　　）。

A. 点动机器人　　　B. 离线编程　　　　C. 试运行程序　　　D. 查阅机器人状态

（8）示教盒的触摸屏校准，需要准确单击（　　）个校准点。

A. 1　　　　　　　B. 2　　　　　　　　C. 3　　　　　　　　D. 4

（9）为防止触摸屏误操作，可通过示教盒的主菜单，单击（　　　）来锁定触摸屏。

A. 锁定屏幕　　　　　B. 手动操纵　　　　　C. 校准　　　　　D. 资源管理器

二、任务实施

1. 小组分工

小组信息	班　级			日　期	
	小组名称			组　长	
	岗位分工				
	成　员				

注意：小组成员共同讨论工作过程，查找并完成相应任务信息。

2. 任务引导

（1）示教器的定义是什么？

（2）FlexPendant 示教器主要由哪些部分组成？

（3）将示教器显示语言设定为中文的步骤有哪些？

（4）工业机器人与外部设备通信时，如何设置其 IP 地址？

（5）工业机器人系统时间如何设置？

（6）中英翻译。

示教器：　　　　　　　　　　　　　使能按钮：

3. 成果分享

每个小组将任务实施结果上传至线上教学平台，由 1~2 个小组分别展示和讲解任务实施过程。

4. 问题反思

工业机器人在使用的时候一定要设置其 IP 地址吗？

三、检查与评价

小组成员各自完成"自我评价"，组长完成"小组评价"，教师完成"教师评价"，整理电脑与实训设备，做好 6S 管理工作。

任务评价表

序号	检查项目	自我评价	小组评价	教师评价	分值分配
1	完成课前预习与任务练习				20
2	能说出示教器的功能				10
3	能说出 FlexPendant 主要组成部分				10
4	能根据要求完成语言设置				10
5	能根据要求完成系统时间设置				10
6	完成工作任务全部内容				20
7	做好 6S 管理工作				10
8	态度端正，工作认真				5
9	遵守纪律，团结协作				5
10	合　　计				100
11	拓展项目				
12	总　　分				

评价说明：

总分 = "自我评价" ×20%+ "小组评价" ×20%+ "教师评价" ×60%+拓展项目。

如有拓展项目，每完成一个拓展项目，总分加 10 分。

四、总结与反思

（1）学到的新知识点有哪些？

（2）掌握的新技能点有哪些？

（3）对自己在本次任务中的表现是否满意？写出课后反思。

五、拓展任务

（1）示教器上的使能按钮有何作用？

（2）机器人是否只有设置了 IP 地址才可以使用？

任务三　手动运动功能

【任务描述】

工业机器人在示教作业时，通过选择合适的运动模式将机器人 TCP 点从空间中的 A 点移动到任务要求的 B 点。

一、课前准备

课前完成学习任务：从网络课堂接收任务，通过查询互联网、图书资料，分析有关信息，然后分组进行 ABB 工业机器人手动运动功能的学习。

1. 填空题

（1）机器人通过六个＿＿＿＿＿电动机分别驱动六个关节轴，每个轴都可以单独运动，并且规定其正方向。

（2）ABB 工业机器人手动操作有＿＿＿＿＿、＿＿＿＿＿和＿＿＿＿＿三种模式。

2. 单项选择题

（1）每一种增量对应的移动参数也不一样，主要涉及单位增量（　　）和（　　）。

A. 温度　　　　　B. 移动距离　　　　　C. 角度值　　　　　D. 强度

（2）单轴动作时，每次手动操作只能控制（　　）个关节轴的运动。

A. 一　　　　　　B. 二　　　　　　　　C. 三　　　　　　　D. 六

（3）线性动作是指安装在机器人第六轴法兰盘工具的（　　）在空间中做线性运动。

A. Frame　　　　B. Tool　　　　　　　C. Point　　　　　　D. TCP

（4）机器人的（　　）运动是指机器人第六轴法兰盘上的工具 TCP（Tool Central Point，工具中心点）在空间中绕着坐标轴旋转的运动，也可理解为机器人绕着工具 TCP 做姿态调整的运动。

A. 单轴　　　　　B. 线性　　　　　　　C. 重定位　　　　　D. 圆弧

（5）（　　）动作模式在进行粗略的定位和比较大幅度的移动时，相比其他的手动操作模式会方便快捷很多。

A. 单轴　　　　　B. 线性　　　　　　　C. 重定位　　　　　D. 圆弧

（6）位姿是由（　　）两部分构成。

A. 位置和速度　　　　　　　　　　　　B. 位置和运行状态

C. 位置和姿态　　　　　　　　　　　　D. 速度和姿态

（7）为了确保安全，用示教编程器手动运行机器人时，ABB 机器人的最高速度限制为（　　）mm/s。

A. 50　　　　　　B. 250　　　　　　　C. 800　　　　　　　D. 1 600

（8）ABB 机器人急停按钮需要接入的端口是（　　）。

A. XS7　　　　　　B. XS12　　　　　　C. XS14　　　　　　D. XS16

（9）以机器人 TCP 的位置和姿态记录机器人位置的数据是（　　）。

A. jointtarget　　　B. inposdata　　　C. robotarget　　　D. loaddata

二、任务实施

1. 小组分工

小组信息	班　　级		日　　期	
	小组名称		组　　长	
	岗位分工			
	成　　员			

注意：小组成员共同讨论工作过程，查找并完成相应任务信息。

2. 任务引导

（1）IRB120 机器人驱动六个关节轴用的是哪种类型电动机？

（2）IRB120 机器人在手动操作模式下移动时，有哪几种运动模式？

（3）ABB 机器人单轴动作模式、线性动作模式以及重定位动作模式的特点是什么？

（4）如何通过快捷键实现增量的调节？

（5）如何解除工业机器人急停，使工业机器人能正常被操作？

（6）中英翻译。

线性运动：　　　　　　　　　　　　重定位运动：

3. 成果分享

每个小组将任务实施结果上传至线上教学平台，由 1~2 个小组分别展示和讲解任务实施过程。

4. 问题反思

（1）线性运动时，示教器界面上显示的坐标值是机器人上哪个点的坐标？

（2）工业机器人的停止信号是否可以被短接？

三、检查与评价

小组成员各自完成"自我评价"，组长完成"小组评价"，教师完成"教师评价"，整理电脑与实训设备，做好 6S 管理工作。

任务评价表

序号	检查项目	自我评价	小组评价	教师评价	分值分配
1	完成课前预习与任务练习				20
2	手动操作模式下三种动作模式				10
3	能按照指定动作模式控制机器人运动				10
4	能使用快捷键切换机器人运动控制模式				10
5	能按要求控制 TCP 至指定位置				10
6	完成工作任务全部内容				20
7	做好 6S 管理工作				10
8	态度端正，工作认真				5
9	遵守纪律，团结协作				5
10	合　　计				100
11	拓展项目				
12	总　　分				

评价说明：

总分＝"自我评价"×20%＋"小组评价"×20%＋"教师评价"×60%＋拓展项目。

如有拓展项目，每完成一个拓展项目，总分加 10 分。

四、总结与反思

（1）学到的新知识点有哪些？

（2）掌握的新技能点有哪些？

（3）对自己在本次任务中的表现是否满意？写出课后反思。

五、拓展任务

（1）为了能有效地提高抓取效率，如何保障工业机器人在使用中第五轴垂直向下？

（2）工业机器人在抓取物体时，其第五轴是否一定要垂直向下？

任务四　坐标系的设置

【任务描述】

工业机器人的运动是在坐标系下完成的，不同的坐标系，机器人的运动轨迹或方向可能不一样。现有一批工件在斜面上，为方便工件的示教与搬运，完成与斜面平行的工件坐标系的创建。

一、课前准备

课前完成学习任务：从网络课堂接收任务，通过查询互联网、图书资料，分析有关信息，然后分组进行机器人坐标系设置的学习。

1. 填空题

（1）ABB 工业机器人基坐标系位于＿＿＿＿＿＿＿＿。

（2）ABB 工业机器人定义工具坐标系有＿＿＿＿＿、＿＿＿＿＿和＿＿＿＿＿三种方法。

2. 单项选择题

（1）（　　）是从一个称为原点的固定点通过轴定义的平面或空间。

A. 坐标　　　　　　　B. 坐标系　　　　　　C. 横坐标　　　　　　D. 纵坐标

（2）（　　）坐标系与工件有关，通常用于对机器人进行编程。

A. 工具　　　　　　　B. 工件　　　　　　　C. 大地　　　　　　　D. 用户

（3）ABB 所有关节型机器人在六轴法兰盘原点处都有一个预定义工具坐标系，即（　　）。

A. tool　　　　　　　B. tool0　　　　　　　C. tool1　　　　　　　D. tool2

（4）ABB 机器人定义工具坐标系的时候，采用（　　），可以同时改变 tool0 的 X 轴和 Z 轴的方向（在焊接应用最为常用）。

A. N 点法　　　　　　　　　　　　　　　B. TCP 和 Z 法

C. TCP 和 Z，X 法　　　　　　　　　　　D. TCP 法

（5）一个机器人可以有（　　）个工件坐标系。

A. 一　　　　　　　　B. 二　　　　　　　　C. 三　　　　　　　　D. 若干

（6）在工件所在的平面上只需要定义（　　）个点，就可以建立工件坐标系。

A. 2　　　　　　　　　B. 3　　　　　　　　　C. 4　　　　　　　　　D. 5

（7）当工业机器人配备多个不同类型的工作台来实现码垛等作业时，选用（　　）可以有效提高作业效率。

A. 基坐标系　　　　　B. 工件坐标系　　　　C. 工具坐标系　　　　D. 关节坐标系

二、任务实施

1. 小组分工

小组信息	班　　级			日　　期	
	小组名称			组　　长	
	岗位分工				
	成　　员				

注意：小组成员共同讨论工作过程，查找并完成相应任务信息。

2. 任务引导

（1）坐标系的定义是什么？

（2）ABB 工业机器人常用的坐标系有哪些？

（3）ABB 工业机器人工具坐标系设置的步骤是什么？新建工具坐标系的 $X/Y/Z$ 轴的正向如何确定？

（4）ABB 工业机器人工件坐标系设置的步骤有哪些？

（5）如何确定新建工件坐标系的坐标原点？

（6）中英翻译。

坐标系：　　　　　　　　　　　　基坐标系：

工具坐标系：　　　　　　　　　　工件坐标系：

3. 成果分享

每个小组将任务实施结果上传至线上教学平台，由 1~2 个小组分别展示和讲解任务实施过程。

4. 问题反思

（1）新创建的 TCP 是否一定在末端执行器上？

（2）在实际工作中，是否每一个工件都需要新建一个工件坐标系？

三、检查与评价

小组成员各自完成"自我评价"，组长完成"小组评价"，教师完成"教师评价"，整理电脑与实训设备，做好 6S 管理工作。

任务评价表

序号	检查项目	自我评价	小组评价	教师评价	分值分配
1	完成课前预习与任务练习				20
2	ABB 机器人常用的坐标系种类				10
3	工具坐标系设置方法及其特点				10
4	能进行机器人工具坐标系设置				10
5	能进行机器人工件坐标系设置				10
6	完成工作任务全部内容				20
7	做好 6S 管理工作				10
8	态度端正，工作认真				5
9	遵守纪律，团结协作				5
10	合　计				100
11	拓展项目				
12	总　分				

评价说明：

总分＝"自我评价"×20%＋"小组评价"×20%＋"教师评价"×60%＋拓展项目。

如有拓展项目，每完成一个拓展项目，总分加 10 分。

四、总结与反思

（1）学到的新知识点有哪些？

（2）掌握的新技能点有哪些？

（3）对自己在本次任务中的表现是否满意？写出课后反思。

五、拓展任务

（1）工具坐标系创建完成后，如何检验其准确性？

（2）如何在斜面上完成工件坐标系的创建？有哪些注意事项？

任务五　工业机器人管理与维护

⊙【任务描述】

工业机器人在日常使用过程中，为了作业的稳定可靠，需要对机器人进行日常管理与维护保养。通过对工业机器人常用信息与事件日志的查阅等，分析并制订解决机器人维护与保养的方案，最终实现转数计数器更新、本体电池更换等维护与保养操作。

一、课前准备

课前完成学习任务：从网络课堂接收任务，通过查询互联网、图书资料，分析有关信息，然后分组进行 ABB 工业机器人管理与维护的学习。

1. 填空题

（1）ABB 机器人重新启动的类型包括＿＿＿＿＿、＿＿＿＿＿、＿＿＿＿＿、＿＿＿＿＿和＿＿＿＿＿。

（2）零点信息数据存储在＿＿＿＿＿＿，数据需供电才能保持存储，掉电后数据会丢失。

2. 单项选择题

（1）ABB 工业机器人状态主要有（　　）、（　　）和（　　）三种状态。

A. 手动 　　　　　B. 全速手动 　　　　C. 半自动 　　　　D. 自动

（2）（　　）操作会使用当前的设置并重新启动系统。

A. 重启 　　　　　B. 重置系统 　　　　C. 重置 RAPID 　　D. 关闭主计算机

（3）（　　）操作将重启并丢弃当前的系统参数设置和 RAPID 程序，将会使用原始的系统安装设置。

A. 重启 　　　　　B. 重置系统 　　　　C. 重置 RAPID 　　D. 关闭主计算机

（4）ABB 机器人六个关节轴都有一个（　　）位置。

A. 电气原点 　　　B. 机械原点 　　　　C. 伺服原点 　　　D. 传感器原点

（5）更换电池后，需要对机器人进行（　　）。

A. 重置系统 　　　　　　　　　　　　　B. 转数计数器更新

C. 关节轴转动角度设置 　　　　　　　　D. 重置 RAPID

（6）在恢复机器人系统的文件夹中，存储机器人系统信息的文件夹是（　　）。

A. RAPID 　　　　　B. SYSPAR 　　　　C. System. xml 　　D. HOME

（7）在恢复机器人系统的文件夹中，存储机器人程序代码的文件夹是（　　）。

A. RAPID 　　　　　B. SYSPAR 　　　　C. System. xml 　　D. HOME

（8）在恢复机器人系统的文件夹中，存储机器人配置参数的文件夹是（   ）。

A. RAPID   B. SYSPAR   C. System. xml   D. HOME

（9）机器人 SMB 电池位于（   ）。

A. 控制柜里面   B. 机器人本体上   C. 外挂电池盒   D. 机器人电动机内

（10）在 ABB 机器人急停解除后，在（   ）复位可以使电机上电。

A. 控制柜上按钮   B. 示教器   C. 控制器内部   D. 机器人本体

（11）下列工业机器人的检查项目中，（   ）属于日常检查及维护。

A. 补充减速机的润滑脂   B. 检查机械式制动器的形变

C. 控制装置电池的检修及更换   D. 检查定位精度是否出现偏离

（12）以下电气故障中，属于工业机器人软件故障的是（   ）。

A. 接触器内部导电片烧坏   B. 系统参数改变（或丢失）

C. 集成电路芯片发生故障   D. 工业机器人外部扩展通信模块插接不牢固

（13）下列情况不需要进行机器人零点校准的是（   ）。

A. 新购买的机器人 B. 电池电量不足   C. 转数计数器丢失 D. 断电重启

二、任务实施

1. 小组分工

小组信息	班　　级			日　　期	
	小组名称			组　　长	
	岗位分工				
	成　　员				

注意：小组成员共同讨论工作过程，查找并完成相应任务信息。

2. 任务引导

（1）ABB 工业机器人的事件日志查看方法有哪些？

（2）ABB 工业机器人如何进行数据的备份与恢复？

（3）ABB 工业机器人重启类别有哪些？各有什么特点？

（4）哪些情况需要对工业机器人的转数计数器更新？

（5）设置关节轴转动角度的步骤有哪些？

（6）中英翻译。

重启：　　　　　　　　　　　数据备份：

3. 成果分享

每个小组将任务实施结果上传至线上教学平台，由 1~2 个小组分别展示和讲解任务实施过程。

4. 问题反思

（1）为什么在实际生产企业中，需要对某些工业机器人进行关节轴转动角度的设置？

（2）在进行转数计数器更新时，控制各关节轴转动至原点位置是否一定要严格按照 4-5-6-1-2-3 轴运动的顺序？为什么？

三、检查与评价

小组成员各自完成"自我评价"，组长完成"小组评价"，教师完成"教师评价"，整理电脑与实训设备，做好 6S 管理工作。

任务评价表

序号	检查项目	自我评价	小组评价	教师评价	分值分配
1	完成课前预习与任务练习				20
2	能查看 ABB 工业机器人事件日志				10
3	能进行机器人数据的备份与恢复				10
4	能进行机器人转数计数器更新				10
5	能进行机器人关节轴转动角度设置				10
6	完成工作任务全部内容				20
7	做好 6S 管理工作				10
8	态度端正，工作认真				5
9	遵守纪律，团结协作				5
10	合　　计				100
11	拓展项目				
12	总　　分				

评价说明：

总分＝"自我评价"×20%＋"小组评价"×20%＋"教师评价"×60%＋拓展项目。

如有拓展项目，每完成一个拓展项目，总分加 10 分。

四、总结与反思

（1）学到的新知识点有哪些？

（2）掌握的新技能点有哪些？

（3）对自己在本次任务中的表现是否满意？写出课后反思。

五、拓展任务

机器人的重启操作类型根据哪些因素选择？

项目三

搬运工作站编程与操作

任务一　I/O板与信号配置

【任务描述】

现有末端执行器一套，需要工业机器人实现对末端执行器的拾取或放置。工业机器人在抓取工件之前，需要预先安装对应的末端执行器，查阅任务知识库中的相关资料，完成DSQC 652标准I/O板配置、组信号、数字量信号的配置及快捷键操作，最终实现对末端执行器的拾取与放置。

一、课前准备

课前完成学习任务：从网络课堂接收任务，通过查询互联网、图书资料，分析有关信息，然后分组进行I/O板与信号配置的学习。

1. 填空题

（1）ABB标准I/O板DSQC 652挂载在机器人的_____网络上。

（2）ABB标准I/O板DSQC 652主要提供_____个数字输入信号和_____个数字输出信号的处理。

2. 单项选择题

（1）如果使用ABB标准I/O板，就必须有（　　）的总线。

A. Profibus　　　　　B. DeviceNet　　　　　C. Profibus-DP　　　　D. Profinet

（2）ABB常用标准I/O板有（　　）、DSQC 355A和DSQC 377A等。

A. DSQC 651　　　　B. DSQC 652　　　　C. DSQC 653　　　　D. 以上都是

（3）基于DSQC 652板配置，其提供的数字信号地址范围是（　　）。

A. 0~15　　　　　B. 1~16　　　　　C. 0~7　　　　　D. 1~8

（4）在对可编程按键进行输出信号设置时，可以选择五种不同形式的功能模式，分别为切换、设为1、设为0、按下/松开、（　　）。

A. 松开1　　　　B. 脉冲　　　　C. 按下1　　　　D. 松开0

（5）建立 I/O 信号与（　　）信号的关联，可以实现机器人与外部设备的通信。

A. 输入　　　　　　　B. 输出　　　　　　　C. 输入输出　　　　　　D. 外部

（6）ABB 机器人的标配工业总线为（　　）。

A. Profibus DP　　　B. CC-Link　　　　　C. DeviceNet　　　　　D. RS485

（7）标准 I/O 板卡 651 提供的两个模拟量输出电压范围为（　　）。

A. ±10 V　　　　　　B. 0~10 V　　　　　　C. 0~24 V　　　　　　D. 0~36 V

（8）创建信号组输出 go1，地址占用 2、4、5、7，则地址的正确写法为（　　）。

A. 2、4、5、7　　　B. 2, 4, 5, 7　　　　　C. 2~7　　　　　　　　D. 5~7

（9）标准 I/O 板卡总线端子上，剪断第 8、10、11 针脚产生的地址为（　　）。

A. 11　　　　　　　　B. 26　　　　　　　　C. 29　　　　　　　　D. 27

（10）ABB 提供的标准 I/O 板卡一般为（　　）类型。

A. PNP 类型　　　　　　　　　　　　　　　B. NPN 类型

C. PNP/NPN 通用类型　　　　　　　　　　　D. MPM 类型

（11）标准 I/O 模块所提供的数字量电压为（　　）。

A. 5 V　　　　　　　B. 12 V　　　　　　　C. 24 V　　　　　　　D. 10 V

（12）如果用 3 个 I/O 数字信号组成一个组输出，那么此输出最大可发送的数值为（　　）。

A. 3　　　　　　　　B. 6　　　　　　　　C. 7　　　　　　　　D. 9

（13）ABB 标准 I/O 板是下挂在 DeviceNet 现场总线下的设备，通过（　　）端口与 DeviceNet 现场总线进行通信。

A. X5　　　　　　　　B. X3　　　　　　　C. X20　　　　　　　D. X7

（14）ABB 标准 I/O 板提供 8 路数字输入、8 路数字输出及 2 路模拟信号输出功能的是（　　）。

A. DSQC 651　　　　B. DSQC 652　　　　　C. DSQC 653　　　　　D. DSQC 355A

二、任务实施

1. 小组分工

小组信息	班　级		日　期	
	小组名称		组　长	
	岗位分工			
	成　员			

注意：小组成员共同讨论工作过程，查找并完成相应任务信息。

2. 任务引导

（1）ABB 工业机器人通信方式有哪些？

（2）ABB 工业机器人常用标准 I/O 板与 I/O 信号有哪些？

（3）ABB 工业机器人 DSQC 652 标准 I/O 板的输入与输出端口的地址分别是多少？

（4）ABB 工业机器人 DSQC 652 标准 I/O 板配置方法是什么？

（5）基于 DSQC 652 板分别配置一个组输出信号（地址：0~2）以及三个数字量输出信号（地址：0/1/2）。通过对信号的仿真，组信号与数字量信号有什么区别与联系？

（6）在对可编程按键进行输出信号快捷设置时，可以选择哪几种不同形式的功能模式？

（7）中英翻译。

通信：　　　　　　　　　　　　信号仿真：

3. 成果分享

每个小组将任务实施结果上传至线上教学平台，由 1~2 个小组分别展示和讲解任务实施过程。

4. 问题反思

（1）为什么不能任意设置 ABB 工业机器人 I/O 板在总线中的地址？

（2）如何分配 ABB 工业机器人标准 DSQC 651 的输入与输出端口的地址？

（3）为什么可以基于 DSQC 652 板分别配置一个组输出信号（假设地址：0~2）与三个数字量输出信号（地址：0/1/2），地址是否存在重复使用的问题？

三、检查与评价

小组成员各自完成"自我评价"，组长完成"小组评价"，教师完成"教师评价"，整理电脑与实训设备，做好 6S 管理工作。

任务评价表

序号	检查项目	自我评价	小组评价	教师评价	分值分配
1	完成课前预习与任务练习				20
2	能说出 ABB 机器人通信种类				10
3	能说出 ABB 常用标准 I/O 板				10
4	能按照要求配置 I/O 信号				10
5	能进行 I/O 信号与机器人动作关联				10
6	完成工作任务全部内容				20
7	做好 6S 管理工作				10
8	态度端正，工作认真				5
9	遵守纪律，团结协作				5
10	合　　计				100
11	拓展项目				
12	总　　分				

评价说明：

总分＝"自我评价"×20%＋"小组评价"×20%＋"教师评价"×60%＋拓展项目。

如有拓展项目，每完成一个拓展项目，总分加 10 分。

四、总结与反思

（1）学到的新知识点有哪些？

（2）掌握的新技能点有哪些？

（3）对自己在本次任务中的表现是否满意？写出课后反思。

五、拓展任务

（1）如何对定义好的 I/O 进行监控查看以及仿真强制？

（2）在 ABB 工业机器人工程现场，如果机器人只剩下 4 个输出端口，如何在不增加信号模块的基础上实现控制 7 盏信号灯的通断呢？

任务二　RAPID 程序架构

【任务描述】

ABB 工业机器人的作业是由程序控制的，要想让机器人按照操作者的要求动作，需要对应的程序支持。根据任务知识库相关知识点完成机器人程序的创建与管理。

一、课前准备

课前完成学习任务：从网络课堂接收任务，通过查询互联网、图书资料，分析有关信息，然后分组进行 RAPID 编程与程序架构的学习。

1. 填空题

（1）ABB 机器人使用＿＿＿＿＿＿＿＿编程语言。

（2）每一个程序模块可以包含＿＿＿＿＿＿、＿＿＿＿＿＿、＿＿＿＿＿＿和＿＿＿＿＿＿四种对象。

2. 单项选择题

（1）RAPID 程序是由（　　）模块与（　　）模块组成的。

A. 程序　　　　　　B. 数据　　　　　　C. 系统　　　　　　D. 调用

（2）RAPID 中有（　　）个主程序 main，可以存在于任意程序模块中。

A. 1　　　　　　　B. 2　　　　　　　C. 3　　　　　　　D. 若干

（3）在创建 RAPID 程序之前，务必保证机器人当前处于（　　）下。

A. 半自动模式　　B. 手动模式　　　C. 停止模式　　　D. 自动模式

（4）ABB 机器人程序的管理主要包括（　　）与（　　）的管理。

A. 模块　　　　　　B. 系统　　　　　　C. 参数　　　　　　D. 例行程序

（5）对于工业机器人编程方法，下列说法正确的是（　　）。

A. 程序模块有且只能有一个　　　　　B. 不同程序模块间的两个例行程序可以同名

C. 程序模块中都有一个主程序　　　　　D. 为便于管理，可将程序分成若干个程序模块

二、任务实施

1. 小组分工

小组信息	班　级		日　期	
	小组名称		组　长	
	岗位分工			
	成　员			

注意：小组成员共同讨论工作过程，查找并完成相应任务信息。

2. 任务引导

（1）RAPID 编程语言的特点是什么？

（2）RAPID 程序是由哪些模块组成的？每一个程序模块可以包含哪些对象？

（3）RAPID 中 main 作为整个程序执行的起点，其他程序如何被执行？

（4）RAPID 程序的创建步骤有哪些？

（5）如何实现程序模块的导入与导出？

（6）中英翻译。

编程语言：　　　　　　　　　　　　程序模块：

3. 成果分享

每个小组将任务实施结果上传至线上教学平台，由 1~2 个小组分别展示和讲解任务实施过程。

4. 问题反思

在 ABB 工业机器人中，只通过"加载模块"可以实现机器人程序数据的加载吗？

三、检查与评价

小组成员各自完成"自我评价"，组长完成"小组评价"，教师完成"教师评价"，整理电脑与实训设备，做好 6S 管理工作。

任务评价表

序号	检查项目	自我评价	小组评价	教师评价	分值分配
1	完成课前预习与任务练习				20
2	能正确说出 RAPID 程序的组成				10
3	能正确说出程序模块包含的对象				10
4	能按照要求创建 RAPID 程序模块				10
5	能按照要求创建 RAPID 例行程序				10
6	完成工作任务全部内容				20
7	做好 6S 管理工作				10
8	态度端正，工作认真				5
9	遵守纪律，团结协作				5
10	合　计				100
11	拓展项目				
12	总　分				

评价说明：

总分＝"自我评价"×20%+"小组评价"×20%+"教师评价"×60%+拓展项目。

如有拓展项目，每完成一个拓展项目，总分加 10 分。

四、总结与反思

（1）学到的新知识点有哪些？

（2）掌握的新技能点有哪些？

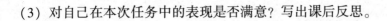

（3）对自己在本次任务中的表现是否满意？写出课后反思。

五、拓展任务

（1）在不同的程序模块中，可以创新相同名称的例行程序吗？

（2）如何实现 RAPID 程序的复制与移动？

任务三　RAPID 程序数据

【任务描述】

ABB 工业机器人可通过编程实现任务的控制，在过程中会生成不同的程序数据。根据任务知识库内容完成变量与可变量存储类型数据的创建与赋值，找出两种存储类型的不同点。

一、课前准备

课前完成学习任务：从网络课堂接收任务，通过查询互联网、图书资料，分析有关信息，然后分组进行使用程序数据的学习。

1. 填空题

（1）ABB 工业机器人的程序数据共有_____个，可以根据实际情况进行创建，为机器人的程序编辑和设计带来无限的可能和发展。

（2）程序数据的存储类型可以分为三大类：_____、_____和_____。

2. 单项选择题

（1）（　　）型数据在程序执行的过程中和停止时都会保持当前的值，不会改变。

A. 变量　　　　　　B. 可变量　　　　　C. 常量　　　　　D. 字符

（2）（　　）型数据最大的特点是无论程序指针在何处，数据都会保持最后赋予的值。

A. 变量　　　　　　B. 可变量　　　　　C. 常量　　　　　D. 字符

（3）（　　）的特点是定义的时候就已经被赋予了数值，并且不能在程序中进行修改。

A. 变量　　　　　　B. 可变量　　　　　C. 常量　　　　　D. 字符

（4）ABB 机器人支持的数据维数最大是（　　）维。

A. 1　　　　　　　B. 2　　　　　　　C. 3　　　　　　　D. 无穷

（5）名称为 name 的字符串型数据可以被赋值为（　　）。

A. John　　　　　　B. "John"　　　　　C. 《John》　　　　D. 'John'

（6）机器人示教点的数据类型是（　　）。

A. tooldata　　　　B. string　　　　　C. robtarget　　　　D. singdata

（7）程序 reg1 : = 14 DIV 4 所得到的 reg1 的值为（　　）。

A. 1　　　　　　　B. 2　　　　　　　C. 3　　　　　　　D. 4

（8）程序 reg1 : = 14 MOD 4 所得到的 reg1 的值为（　　）。

A. 1　　　　　　　B. 2　　　　　　　C. 3　　　　　　　D. 4

（9）若创建一个数据，只需被该数据所在的程序模块所调用，则其范围需要设为（　　）。

A. 全局　　　　　　B. 本地　　　　　　C. 任务　　　　　　D. 程序

二、任务实施

1. 小组分工

小组信息	班　　级			日　　期	
	小组名称			组　　长	
	岗位分工				
	成　　员				

注意：小组成员共同讨论工作过程，查找并完成相应任务信息。

2. 任务引导

（1）可以通过示教器中的哪个窗口查看程序数据及类型？

（2）ABB 机器人程序数据的存储类型包含哪几类？各有何特点？

（3）如何实现 num 类型程序数据创建？

（4）当程序指针被移动到主程序后，变量存储类型数据的数值一定变为"0"吗？

（5）如何实现字符串型数据的赋值？

（6）中英翻译。

程序数据：　　　　　　　　　　　　　存储类型：

3. 成果分享

每个小组将任务实施结果上传至线上教学平台，由 1~2 个小组分别展示和讲解任务实施过程。

4. 问题反思

变量与可变量型存储类型数据可以被赋值，那么常量型存储类型数据是否也可以被赋值？为什么？

三、检查与评价

小组成员各自完成"自我评价"，组长完成"小组评价"，教师完成"教师评价"，整理电脑与实训设备，做好 6S 管理工作。

任务评价表

序号	检查项目	自我评价	小组评价	教师评价	分值分配
1	完成课前预习与任务练习				20
2	能说出机器人程序数据的存储类型				10
3	能说出各种程序数据存储类型的特点				10
4	能按照要求创建程序数据				10
5	能按照要求对程序数据赋值				10
6	完成工作任务全部内容				20
7	做好 6S 管理工作				10
8	态度端正，工作认真				5
9	遵守纪律，团结协作				5
10	合　　计				100
11	拓展项目				
12	总　　分				

评价说明：

总分＝"自我评价"×20%＋"小组评价"×20%＋"教师评价"×60%＋拓展项目。

如有拓展项目，每完成一个拓展项目，总分加 10 分。

四、总结与反思

（1）学到的新知识点有哪些？

（2）掌握的新技能点有哪些？

（3）对自己在本次任务中的表现是否满意？写出课后反思。

五、拓展任务

创建程序数据时，为保障数据不丢失，一定要建立可变量 PERS 吗？
其存储类型依据什么选择？

任务四　运动指令与轨迹偏移

🌀【任务描述】

通过工业机器人的编程与调试，实现三角形、正方形、圆形等轨迹的绘制；结合工件坐标系的特征属性，利用工件坐标系偏移轨迹完成同一平面相同形状的两个三角形轨迹绘制。

一、课前准备

课前完成学习任务：从网络课堂接收任务，通过查询互联网、图书资料，分析有关信息，然后分组进行搬运工作站示教编程的学习。

1. 填空题

工业机器人的空间运动指令主要有四种，分别是绝对位移运动指令（MoveAbsJ）、_____、_____和_____。

2. 单项选择题

（1）（　　）指令经常用于机器人回到机械零点或安全等待点 Home 的路径规划中，比如搬运工作中从当前位置回到初始状态。

A. MoveAbsJ　　　　B. MoveJ　　　　C. MoveL　　　　D. MoveC

（2）（　　）指令让机器人沿一条直线进行运动。

A. MoveAbsJ　　　　B. MoveJ　　　　C. MoveL　　　　D. MoveC

（3）Z 的数值用于设置转弯区半径，如果需要精准到达某个点，需要设置为（　　）。

A. 0　　　　　　　B. 5　　　　　　　C. 无穷大　　　　D. fine

（4）（　　）指令用于判断数字输入信号是否与目标值一致。

A. WaitDI　　　　　B. WaitUntil　　　　C. WaitDO　　　　D. WaitAI

（5）MoveAbsJ 指令的参数"\NoEoffs"表示（　　）。

A. 外轴的角度数据　　　　　　　　B. 外轴不带偏移数据

C. 外轴带偏移数据　　　　　　　　D. 外轴的位置数据

（6）（　　）指令是 ABB 机器人的关节运动指令。

A. MOVJ　　　　　B. MovJ　　　　　C. MoveJ　　　　D. J

（7）所谓无姿态插补，即保持第一个示教点时的姿态，在大多数情况下是机器人沿（　　）运动时出现。

A. 平面圆弧　　　B. 直线　　　　C. 平面曲线　　　D. 空间曲线

（8）为确保安全，用示教编程器手动运行机器人时，机器人的最高速度限制为（　　）。

A. 50 mm/s　　　B. 250 mm/s　　　C. 800 mm/s　　　D. 1 600 mm/s

（9）一般情况下，第一次自动运行程序的速度不大于（   ）。

A. 20%   B. 25%   C. 30%   D. 35%

（10）机器人动作类型为直线动作，单位为 mm/s 时，速度的取值范围是（   ）。

A. 1~500   B. 1~1 000   C. 1~2 000   D. 1~3 000

（11）在生产过程中使用 ABB 机器人时，要避免出现（   ）。

A. 关节运动   B. 线性运动   C. 圆周运动   D. 绝对位置运动

（12）通常把各部分之间具有确定的相对运动构件的组合称为（   ）。

A. 机器   B. 机构   C. 机械   D. 单元

（13）对于有规律的轨迹，仅示教几个特征点，计算机就能利用（   ）获得中间点的坐标。

A. 平滑算法   B. 预测算法   C. 插补算法   D. 优化算法

二、任务实施

1. 小组分工

小组信息	班　　级			日　　期	
	小组名称			组　　长	
	岗位分工				
	成　　员				

注意：小组成员共同讨论工作过程，查找并完成相应任务信息。

2. 任务引导

（1）ABB 工业机器人运动指令有哪些？转弯区数据有什么作用？

（2）ABB 工业机器人的圆弧运动指令需要使用几个目标点？

（3）在默认工具坐标系下，用 MoveL 指令完成如下路径的编程与调试任务。要求从 p10 点出发，能实际到达各个目标点，并且速度为 v200。

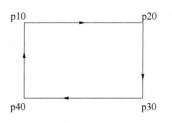

（4）在 tool1 坐标系下，请用所学指令完成如下路径的编程。要求从 p50 点出发，能实际到达各个目标点，并且速度为 v300。

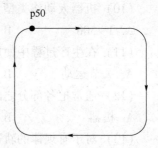

（5）请通过工件坐标系偏移方式完成如下图示轨迹的示教编程。

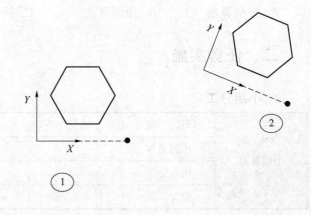

（6）中英翻译。

运动指令：   偏移函数：

步进功能：   自动运行：

3. 成果分享

每个小组将任务实施结果上传至线上教学平台，由 1~2 个小组分别展示和讲解任务实施过程。

4. 问题反思

（1）运动指令 MoveC 是否可以用在程序的首行？

（2）为什么在 Set、Reset 指令前的运动指令的转弯区数据中必须使用 fine？

三、检查与评价

小组成员各自完成"自我评价"，组长完成"小组评价"，教师完成"教师评价"，整理电脑与实训设备，做好 6S 管理工作。

任务评价表

序号	检查项目	自我评价	小组评价	教师评价	分值分配
1	完成课前预习与任务练习				20
2	能说出 ABB 机器人常见的运动指令				10
3	能完成三角形轨迹编程与调试				10
4	能完成圆形轨迹编程与调试				10
5	能完成工件坐标系偏移轨迹调试				10
6	完成工作任务全部内容				20
7	做好 6S 管理工作				10
8	态度端正，工作认真				5
9	遵守纪律，团结协作				5
10	合　　计				100
11	拓展项目				
12	总　　分				

评价说明：

总分＝"自我评价"×20%＋"小组评价"×20%＋"教师评价"×60%＋拓展项目。

如有拓展项目，每完成一个拓展项目，总分加 10 分。

四、总结与反思

（1）学到的新知识点有哪些？

（2）掌握的新技能点有哪些？

（3）对自己在本次任务中的表现是否满意？写出课后反思。

五、拓展任务

绝对位置运动指令一般用于程序的哪个位置？可以用在程序中间执行的过程吗？

任务五　搬运工作站示教编程

【任务描述】

工业机器人在工具库中 A 点自行安装末端执行器，再将 B 点工件搬运至指定工位 C 点，然后将末端执行器放回工具库 A 点。根据任务知识库内容完成搬运工作站路径分析、编程与调试等，最终实现整个搬运工作站的自动运行。

一、课前准备

课前完成学习任务：从网络课堂接收任务，通过查询互联网、图书资料，分析有关信息，然后分组进行搬运工作站认知的学习。

1. 填空题

(1) 通常来说，搬运机器人工作站包括＿＿＿＿＿＿、＿＿＿＿＿＿、＿＿＿＿＿＿、＿＿＿＿＿＿、托盘等，形成一个完整的集成化的搬运系统。

(2) 已知 p10 坐标为（50，40，30），那么 Offs(p10，50，40，30) 的目标点坐标为＿＿＿＿＿＿。

2. 单项选择题

(1) 搬运机器人可安装（　　）的末端执行器，以完成各种不同形状和状态的工件搬运工作，大大减轻了人类繁重的体力劳动。

A. 相同　　　　　　B. 不同　　　　　　C. 通用　　　　　　D. 一样

(2) 多数情况下，搬运机器人工作站设有可（　　）交换的物品托板，便于物品的快速供给。

A. 气动　　　　　　B. 自动　　　　　　C. 人工　　　　　　D. 手动

(3) 搬运机器人工作站会根据（　　）选用或设计物品传送装置。

A. 物品大小　　　　　　　　　　B. 物品重量

C. 物品特点　　　　　　　　　　D. 物品颜色

(4) Offs 函数用于对机器人位置进行偏移，用于在一个机械臂位置的（　　）坐标系中添加一个偏移量。

A. 工具　　　　　　B. 工件　　　　　　C. 大地　　　　　　D. 用户

(5) 调用例行程序 R1 的正确写法是（　　）。

A. PROCA. LL R1　　B. R1；　　　　C. CALL R1；　　　D. ROUTINE R1

(6) Reltool 偏移指令参考的坐标系是（　　）。

A. 大地坐标系　　　　　　　　　B. 当前使用的工具坐标系

C. 当前使用的工件坐标系　　　　D. 基坐标系

(7) 使用 Offs 偏移指令返回的是（　　）数据类型。

A. robjoint　　　　B. string　　　　　C. robtarget　　　D. singdata

（8）使用 Reltool 偏移指令返回的是（　　）数据类型。

A. robjoint　　　　　　B. string　　　　　　C. robtarget　　　　　　D. singdata

二、任务实施

1. 小组分工

小组信息	班　　级			日　　期	
	小组名称			组　　长	
	岗位分工				
	成　　员				

注意：小组成员共同讨论工作过程，查找并完成相应任务信息。

2. 任务引导

（1）搬运机器人的定义是什么？

（2）一般搬运机器人可以在哪些场合使用？

（3）已知控制安装夹具信号地址：8；控制吸盘信号地址：10；工件尺寸：长 50 mm、宽 25 mm、高 20 mm 长方体。请编程并调试实现如下所示两层物体的搬运。

A　　　　　　　　　　B

（4）如何实现 ABB 工业机器人程序的自动化运行？

（5）中英翻译。

搬运机器人：　　　　　　　　　　　　偏移函数：

3. 成果分享

每个小组将任务实施结果上传至线上教学平台，由 1~2 个小组分别展示和讲解任务实施过程。

4. 问题反思

机器人搬运工作站有这么多优点，为什么有部分企业没有引入？

三、检查与评价

小组成员各自完成"自我评价"，组长完成"小组评价"，教师完成"教师评价"，整理电脑与实训设备，做好 6S 管理工作。

任务评价表

序号	检查项目	自我评价	小组评价	教师评价	分值分配
1	完成课前预习与任务练习				20
2	能说出搬运机器人工作站的组成				10
3	能说出函数 Offs 和 RelTool 异同				10
4	能进行搬运机器人路径的规划				10
5	能完成搬运作业程序编写与调试				10
6	完成工作任务全部内容				20
7	做好 6S 管理工作				10
8	态度端正，工作认真				5
9	遵守纪律，团结协作				5
10	合　计				100
11	拓展项目				
12	总　分				

评价说明：

总分="自我评价"×20%+"小组评价"×20%+"教师评价"×60%+拓展项目。

如有拓展项目，每完成一个拓展项目，总分加 10 分。

四、总结与反思

（1）学到的新知识点有哪些？

（2）掌握的新技能点有哪些？

（3）对自己在本次任务中的表现是否满意？写出课后反思。

五、拓展任务

已知控制安装夹具信号地址：8；控制吸盘信号地址：10。请编程并调试，实现如下图所示 3 层物体的搬运。

那么如果物体摆放的是 10 层呢？有没有更好的编程方法实现搬运任务？

A

B

项目四

码垛工作站编程与操作

任务一　IF 语句与功能性指令

【任务描述】

任务 1：现有一个班级成绩为百分制（0~100），需要通过编程实现等级制（A/B/C…）的转换。

任务 2：如果任务实施过程中，工业机器人在运动过程中读取当前点的位置数据，用于校准其姿态。当读取某一点的位置数据（200，200，200）时，程序指针会自动跳转到带跳转标签 rHome 的位置，开始执行 Routine2 的子程序；使用 VelSet 设定 TCP 的速率不超过 300 mm/s，编程速率降至指令中值的 60%。

一、课前准备

课前完成学习任务：从网络课堂接收任务，通过查询互联网、图书资料、分析有关信息，然后分组进行 IF 语句与功能性指令任务。

1. 填空题

（1）用 IF 条件判断指令时，不管有几个分支，依次判断，当某条件满足时，执行相应的语句块，其余分支＿＿＿＿＿＿＿。

（2）Label 指令与 GOTO 指令成对使用时，一定要注意，两者标签 ID 要＿＿＿＿＿＿。

（3）＿＿＿＿＿＿指令通常是读取当前机器人目标点的位置数据，常用于将其位置数据赋给某个点。

（4）＿＿＿＿＿＿指令用于设定最大的速度和倍率；＿＿＿＿＿＿指令可以定义工业机器人的加速度，准许增加或减小加速度，使机器人移动更加顺畅。

（5）ABB 工业机器人设置例行程序以及指令的执行方式称为步进模式。步进模式一般包括＿＿＿＿＿＿、＿＿＿＿＿＿、＿＿＿＿＿＿、＿＿＿＿＿＿。

2. 单项选择题

（1）（　　）可获得最圆滑路径。

A. z1　　　　　　　　B. z5　　　　　　　　C. z10　　　　　　　　D. z100

（2）机器人速度的单位是（　　）。

A. cm/min　　　　B. in/min　　　　C. mm/s　　　　D. in/s

（3）（　　）指令将数字输出信号置1。

A. Set　　　　B. Reset　　　　C. SetDO　　　　D. PulseDo

（4）定义 Speeddata　S1：=［1000,30,200,15］，其中30指的是（　　）。

A. 机器人运动时的线速度　　　　B. 机器人运动时的角速度

C. 机器人运动时的重定位速度　　　　D. 机器人的6轴转速

（5）RAPID 编程中，使用一个数字输出信号触发中断的指令是（　　）。

A. ISignalAO　　　　B. ISignalAI　　　　C. ISignalDO　　　　D. ISignalDI

（6）RAPID 编程中，限制机器人运行最高速度的指令是（　　）。

A. AccSet　　　　B. ConfL　　　　C. VelSet　　　　D. Speed

（7）执行"VelSet 50,800；MoveL p1,v1000,z10,tool1；"两条指令后，机器人的运行速度为（　　）。

A. 800 mm/s　　　　B. 1 000 mm/s　　　　C. 500 mm/s　　　　D. 400 mm/s

（8）工业机器人控制指令不能实现的控制逻辑为（　　）。

A. 条件判断　　　　B. 条件循环

C. 程序间无条件跳转　　　　D. 程序内无条件跳转

二、任务实施

1. 小组分工

小组信息	班　　级			日　　期	
	小组名称			组　　长	
	岗位分工				
	成　　员				

注意：小组成员共同讨论工作过程，查找并完成相应任务信息。

2. 任务引导

（1）ABB 工业机器人条件判断指令在使用时有哪些注意事项？

（2）Label 或 GOTO 指令可以单独使用吗？

（3）ABB 工业机器人的步进模式包含哪些？其特征是什么？

（4）将百分制的分数转化为对应的等级：

序号	分数范围（score）	对应等级（grade）
1	90 分及以上	A
2	80 分及以上	B
3	70 分及以上	C
4	60 分及以上	D
5	60 分以下	F

根据上述要求用 IF 语句编写分数转换等级程序，其中变量分数范围定义为 score，对应等级定义为 grade，完成程序编程。

（5）中英翻译。
步进模式：   条件判断：

3. 成果分享

每个小组将任务实施结果上传至线上教学平台，由 1~2 个小组分别展示和讲解任务实施过程。

4. 问题反思

（1）字符串型数据类型在使用的时候需要注意什么？

（2）CRobT 在读取当前机器人目标点的位置数据时，其参考的工具、工件坐标系各是哪个？

三、检查与评价

小组成员各自完成"自我评价"，组长完成"小组评价"，教师完成"教师评价"，整理电脑与实训设备，做好 6S 管理工作。

任务评价表

序号	检查项目	自我评价	小组评价	教师评价	分值分配
1	完成课前预习与任务练习				20
2	能新建不同存储类型的数据				10
3	能进行不同路径的速度设定				10
4	能正确使用 Label 和 GOTO 指令				10
5	能完成不同的步进模式程序调试				10
6	完成工作任务全部内容				20
7	做好 6S 管理工作				10
8	态度端正，工作认真				5
9	遵守纪律，团结协作				5
10	合　　计				100
11	拓展项目				
12	总　　分				

评价说明：

总分＝"自我评价"×20％＋"小组评价"×20％＋"教师评价"×60％＋拓展项目。

如有拓展项目，每完成一个拓展项目，总分加 10 分。

四、总结与反思

（1）学到的新知识点有哪些？

（2）掌握的新技能点有哪些？

（3）对自己在本次任务中的表现是否满意？写出课后反思。

五、拓展任务

当变量 reg1（num 类型）的值小于等于 10 时，工业机器人绘制三角形图案；当变量 reg1（num 类型）的值大于 10 且小于等于 20 时，工业机器人绘制圆形图案；当变量 reg1（num 类型）的值大于 20 时，工业机器人无动作。

通过 VelSet 指令设定最大的速度为 100 mm/s，AccSet 指令定义工业机器人的加速度为正常值的 30%，并完成三角形与圆形图案的绘制。

任务二　Function 函数与中断停止

【任务描述】

编写一个判断任意输入数据所处区间范围的函数。当输入数据在 0~10 区间内时，其返回值为 10；输入数据在 11~20 区间内时，其返回值为 20；输入数据在 21~30 区间内时，其返回值为 30。在函数程序执行过程中，当发生需要紧急处理的情况时，需要中断当前执行的程序，跳转程序指针到对应的程序中，对紧急情况进行相应的处理。

一、课前准备

课前完成学习任务：从网络课堂接收任务，通过查询互联网、图书资料、分析有关信息，然后分组进行 Function 函数与中断停止任务。

1. 填空题

（1）Function 函数包含输入变量、_____和程序语句三个要素。

（2）一般来说，一个完整的中断过程包括_____、_____、_____。

（3）中断的实现过程，首先通过扫描_____，然后扫描到与中断识别号关联起来的_____，判断中断触发的条件是否满足。

（4）当触发条件满足后，程序指针跳转至通过_____指令与_____关联起来的中断例行程序中。

2. 单项选择题

（1）机器人程序中，中断程序一般是以（　　　）字符来定义的。

A. TRAP　　　　　B. ROUTINE　　　　　C. PROC　　　　　D. BREAK

（2）（　　　）指令一般会用在机器人初始化子程序中。

A. MOVEABSJ　　B. OFFS　　　　　C. ACCSET　　　　D. CROBT

（3）紧急事件的及时响应，一般使用（　　　）类型的例行程序。

A. FUNCTION　　B. TRAP　　　　　C. PROCEDURE　　D. ROUTINE

（4）RAPID 编程中，使用一个数字输出信号触发中断的指令是（　　　）。

A. ISignalAO　　　B. ISignalAI　　　C. ISignalDO　　　　D. ISignalDI

（5）RAPID 编程中，连接一个中断符号到中断程序的指令是（　　　）。

A. GetTrap　　　B. Ipers　　　　　C. CONNECT　　　D. GetTrapData

（6）指令 ISignalDI 中的 Singal 参数启用后，此中断会响应指定输入信号（　　　）次。

A. 1　　　　　　B. 2　　　　　　C. 3　　　　　　D. 无限

（7）关于中断程序 TRAP，以下说法错误的是（　　　）。

A. 中断程序执行时，原程序处于等待状态

B. 中断程序可以嵌套

C. 可以使用中断失效指令来限制中断程序的执行

D. 运动类指令不能出现在中断程序中

二、任务实施

1. 小组分工

小组信息	班　　级			日　　期	
	小组名称			组　　长	
	岗位分工				
	成　　员				

注意：小组成员共同讨论工作过程，查找并完成相应任务信息。

2. 任务引导

（1）一个典型函数的结构包含哪些要素？

（2）编写一个判断任意输入数据所处区间范围的函数。当输入数据在 0～10 区间内时，其返回值为 10；输入数据在 11～20 区间内时，其返回值为 20；输入数据在 21～30 区间内时，其返回值为 30。

（3）一个完整的中断过程包括哪些要素？

（4）现有一套工业机器人设备，其正常工作时周边围栏是关闭的，围栏上有一个光电传感器，其接入工业机器人信号的物理地址为 0（DSQC 652 板）。当围栏打开时，光电传感器被触发，为保障工作人员安全，工业机器人停止工作，进入系统中断。尝试完成系统中断设置。

（5）现有一套工业机器人设备，其正常工作时周边围栏是关闭的，围栏上有一个光电传感器，其接入工业机器人信号的物理地址为 0（DSQC 652 板）。当有围栏打开时，光电传感器被触发，为保障工作人员安全，工业机器人立即回到安全姿态位置，进入程序中断；当围栏再次被关闭后，机器人再次回到中断位置，继续工作。尝试完成程序中断设置。

（6）程序中断可以被触发几次？如何设置？

（7）中英翻译。

功能：   中断：

3. 成果分享

每个小组将任务实施结果上传至线上教学平台，由 1~2 个小组分别展示和讲解任务实施过程。

4. 问题反思

（1）在 ABB 工业机器人中，程序与函数的主要区别是什么？

（2）中断一般包括哪两类？其主要区别是什么？

（3）程序中断一般放在程序的哪个位置？为什么？

三、检查与评价

小组成员各自完成"自我评价",组长完成"小组评价",教师完成"教师评价",整理电脑与实训设备,做好 6S 管理工作。

任务评价表

序号	检查项目	自我评价	小组评价	教师评价	分值分配
1	完成课前预习与任务练习				20
2	能完成函数的创建				10
3	能区别系统中断与程序中断				10
4	能完成系统中断的创建与调试				10
5	能完成程序中断的创建与调试				10
6	完成工作任务全部内容				20
7	做好 6S 管理工作				10
8	态度端正,工作认真				5
9	遵守纪律,团结协作				5
10	合 计				100
11	拓展项目				
12	总 分				

评价说明:

总分="自我评价"×20%+"小组评价"×20%+"教师评价"×60%+拓展项目。

如有拓展项目,每完成一个拓展项目,总分加 10 分。

四、总结与反思

(1)学到的新知识点有哪些?

(2)掌握的新技能点有哪些?

（3）对自己在本次任务中的表现是否满意？写出课后反思。

五、拓展任务

数字量输出信号、组输入/输出信号、模拟量输入/输出信号是否可以作为触发信号？

任务三　FOR 语句与单排码垛

【任务描述】

现有相同物料在传送带上不间断传送至同一位置，利用工业机器人实现物料按相同姿态码垛叠放在一起。首先，通过 RobotStudio 软件中的 FOR 重复执行判断指令完成码垛程序的单排编程与调试；其次，利用实训室码垛工作站真实再现单排操作与编程过程；最后，完成单排 3 层码垛的路径分析、编程与调试任务。

一、课前准备

课前完成学习任务：从网络课堂接收任务，通过查询互联网、图书资料、分析有关信息，然后分组进行 FOR 语句与单排码垛的编程和调试任务。

1. 判断题

（1）紧急停止按钮通过切掉伺服电源立即停止机器人操作。　　　　　（　　）

（2）在设计和实施流程的过程中，需要进行不断的修改和完善，这种对流程修改的过程，叫作优化。　　　　　　　　　　　　　　　　　　　　　　　（　　）

（3）IRB-120 工业机器人的各个轴旋转角度无限制。　　　　　　（　　）

（4）IRB-120 机器人四轴上方有 10 路集成信号源和 1 路集成气源。　（　　）

（5）当操作者选择 TCP（默认方向）方法来标定工具坐标系时，工具坐标系方向与 tool0 方向一致。　　　　　　　　　　　　　　　　　　　　　　　（　　）

（6）工业机器人主要由 3 部分组成，分别是操作机、控制器、示教器。（　　）

（7）工作空间是指工业机器人作业时，手腕末端上的法兰盘所能到达的空间区域。　　　　　　　　　　　　　　　　　　　　　　　　　　　　　（　　）

（8）最大工作速度是指在各轴联动的情况下，机器人手腕中心或者工具中心点所能达到的最大线速度。　　　　　　　　　　　　　　　　　　　　　（　　）

（9）工具坐标系又称用户坐标系，是以基坐标系为参考，在工件上建立的坐标系。　　　　　　　　　　　　　　　　　　　　　　　　　　　　　（　　）

（10）用户坐标系，是以基坐标系为参考，在工件上建立的坐标系。　（　　）

（11）月末进行一次彻底的设备维护，平时不需要进行。　　　　　（　　）

（12）离开机器人前应关闭伺服并按下急停开关，将示教器放置在安全位置。（　　）

（13）始终从机器人的前方进行作业，不要背对机器人进行作业。　（　　）

（14）操作之前，要考虑好避让机器人的运动轨迹，并确认该路线不受干涉。（　　）

（15）基坐标系的原点一般定义在机器人的安装面与第一转动轴的交点处，X 轴向前，Z 轴向上，Y 轴视情况而定。　　　　　　　　　　　　　　　　　（　　）

2. 单项选择题

(1) 程序段 FOR I = 1 To 6   STEP   2;循环体部分语句一共要执行（   ）次。

A. 1　　　　　　　B. 3　　　　　　　C. 5　　　　　　　D. 6

(2) 程序段 FOR I = 1 To 6；循环体部分语句一共要执行（   ）次。

A. 1　　　　　　　B. 3　　　　　　　C. 5　　　　　　　D. 6

(3) 当代机器人主要源于（   ）两个分支。

A. 计算机与数控机床　　　　　　　B. 操作机与计算机

C. 操作机与数控机床　　　　　　　D. 计算机与人工智能

(4) 低压线路中的零线采用的颜色是（   ）。

A. 红色　　　　　　　B. 蓝色　　　　　　　C. 棕色　　　　　　　D. 黄绿双色

(5) 保护线（接地或接零线）的颜色按标准应采用（   ）。

A. 红色　　　　　　　B. 绿色　　　　　　　C. 黄绿双色　　　　　　　D. 黑色

(6) 工业机器人末端执行器安装在操作机手腕的（   ）。

A. 前端　　　　　　　B. 中部　　　　　　　C. 末端　　　　　　　D. 上端

(7) 正确选用电器应遵循的两个基本原则是安全原则和（   ）原则。

A. 性能　　　　　　　B. 经济　　　　　　　C. 功能　　　　　　　D. 美观

(8) 下列对于工业机器人操作人员的"四懂、三会"要求中，"四懂"对（   ）不作要求。

A. 懂结构　　　　　　B. 懂制造　　　　　　C. 懂性能　　　　　　D. 懂用途

(9) 机器人终端效应器（手）的力量来自（   ）。

A. 机器人的全部关节　　　　　　　B. 机器人手部的关节

C. 决定机器人手部位置的各个关节　　　D. 决定机器人手部位姿的各个关节

(10) 主电路是从（   ）到电动机的电路，其中有刀开关、熔断器、接触器主触头、热继电器发热元件与电动机等。

A. 辅助电路　　　　　　B. 电源　　　　　　C. 接触器　　　　　　D. 热继电器

(11) 低压线路中的零线采用的颜色是（   ）。

A. 红色　　　　　　　B. 蓝色　　　　　　　C. 棕色　　　　　　　D. 黄绿双色

(12) 国家标准规定，凡（   ）kW 以上的电动机均采用三角形接法。

A. 3　　　　　　　B. 4　　　　　　　C. 7.5　　　　　　　D. 10

(13) 工厂企业供电系统的日负荷波动较大时，将影响供电设备效率，而使线路的功率损耗增加，所以应调整（   ），以达到节约用电的目的。

A. 线路负荷　　　　　　　　　　B. 设备负荷

C. 线路电压　　　　　　　　　　D. 设备电压

(14) 通常对 ABB 机器人进行示教编程时，要求最初程序点与最终程序点的位置（   ），可提高工作效率。

A. 相同　　　　　　　　　　B. 不同

C. 无所谓　　　　　　　　　　D. 距离越大越好

二、任务实施

1. 小组分工

小组信息	班　　级			日　　期	
	小组名称			组　　长	
	岗位分工				
	成　　员				

注意：小组成员共同讨论工作过程，查找并完成相应任务信息。

2. 任务引导

（1）如何进行 FOR 指令步幅的设置？步幅可以是负数吗？

（2）哪种情况下 FOR 指令的步幅长可以省略？

（3）已知控制安装夹具信号地址：8；控制吸盘信号地址：10；工件尺寸：长 50 mm、宽 25 mm、高 20 mm 长方体。如图所示，货物在 A 处不间断出料（同一地点出料），机器人将货物逐个移动到 B 处，完成垂直 4 层码垛。请用 FOR 语句完成任务的编程与调试。

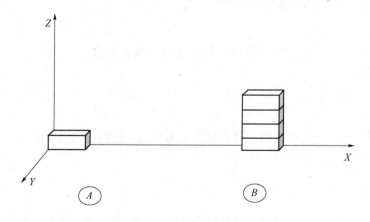

（4）已知控制安装夹具信号地址：8；控制吸盘信号地址：10；工件尺寸：长 50 mm、宽 25 mm、高 20 mm 长方体。如图所示，货物在 A 处垂直叠放，机器人将货物逐个移动到 B 处，完成水平位置摆放。请用 FOR 语句完成任务的编程与调试。

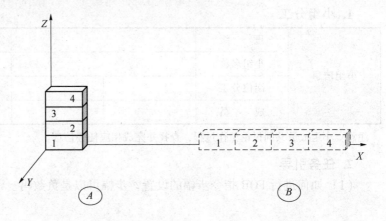

（5）中英翻译。

码垛：　　　　　　　　　　　　编程与调试：

3. 成果分享

每个小组将任务实施结果上传至线上教学平台，由 1~2 个小组分别展示和讲解任务实施过程。

4. 问题反思

（1）FOR 指令中的变量一般使用 I、J、K，其是否可用于其他变量？

（2）什么情况下 FOR 指令中的步幅为负数？

（3）工业机器人释放或获取工具与工件时，为什么信号后需加入 WaitTime 语句？

（4）工业机器人释放以及获取工具或物料时，为什么用 MoveL 语句，可以用 MoveJ 吗？

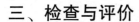

三、检查与评价

小组成员各自完成"自我评价"，组长完成"小组评价"，教师完成"教师评价"，整理电脑与实训设备，做好 6S 管理工作。

任务评价表

序号	检查项目	自我评价	小组评价	教师评价	分值分配
1	完成课前预习与任务练习				20
2	能完成 FOR 指令的调用				10
3	能完成 FOR 指令步幅的修改				10
4	能完成单排码垛的编程				10
5	能完成单排码垛的调试				10
6	完成工作任务全部内容				20
7	做好 6S 管理工作				10
8	态度端正，工作认真				5
9	遵守纪律，团结协作				5
10	合　　计				100
11	拓展项目				
12	总　　分				

评价说明：

总分＝"自我评价"×20%＋"小组评价"×20%＋"教师评价"×60%＋拓展项目。

如有拓展项目，每完成一个拓展项目，总分加 10 分。

四、总结与反思

（1）学到的新知识点有哪些？

（2）掌握的新技能点有哪些？

（3）对自己在本次任务中的表现是否满意？写出课后反思。

五、拓展任务

已知控制安装夹具信号地址：8；控制吸盘信号地址：10；工件尺寸：长 50 mm、宽 25 mm、高 20 mm 长方体。如图所示，货物在 A 处双排水平依次摆放，机器人将货物逐个移动到 B 处，完成双排垂直码垛。请用 FOR 语句完成任务的编程与调试。

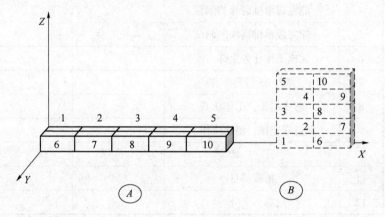

任务四　WHILE 语句与立体码垛

【任务描述】

现有相同物料在传送带上不间断传送至同一位置，利用工业机器人实现物料按相同姿态码垛叠放在一起。首先，通过 RobotStudio 软件中的 WHILE 循环判断指令完成码垛立体程序的编程与调试；其次，通过实训室码垛工作站真实再现立体操作与编程过程；最后，完成立体码垛（3×2×2）的路径分析、编程与调试任务。

一、课前准备

课前完成学习任务：从网络课堂接收任务，通过查询互联网、图书资料、分析有关信息，然后分组进行 WHILE 语句与立体码垛的编程和调试任务。

1. 判断题

(1) 机器人的 4、5、6 轴通常被称为手腕轴。　　　　　　　　　　　　　　　(　　)

(2) 机器人运动过程中，工作区域内如有人进入，应按下紧急停止按钮。　　　(　　)

(3) 在察觉到危险时，立即按下急停键，停止机器人运转。　　　　　　　　　(　　)

(4) 工具坐标系用于调试员调整机器人位姿。　　　　　　　　　　　　　　　(　　)

(5) 在点动机器人操控时，速度倍率可大可小，无须考虑。　　　　　　　　　(　　)

(6) 在首次完成机器人程序编写后，可以直接运行，无须进行单步运行。　　　(　　)

(7) 工业机器人后备的电源快失电时，编码器无法保存数据，因此零点丢失，机器人行走的偏差较大，此时需要回零设置。　　　　　　　　　　　　　　　　　　　(　　)

(8) 工业机器人上都有厂家标注的机械零点位置。　　　　　　　　　　　　　(　　)

(9) 工业机器人程序编辑中的标签 LABEL 可独立设置，不需要绑定其他流程控制指令。

(　　)

(10) 在工业机器人程序变量中，如果变量使用的域是程序，那么与程序在同一个工程的其他程序也能使用该变量。　　　　　　　　　　　　　　　　　　　　　　(　　)

(11) 用户坐标系、工具坐标系的设定，是为了帮助机器人更好地进行操作运行。

(　　)

(12) 机器人调试操作中，调试工程师应集中精力，仔细认真。　　　　　　　(　　)

(13) 工业机器人四大家族分别指的是 ABB、库卡、FANUC 和那智不二越。　　(　　)

(14) 国内工业机器人技术还需在控制器、减速器、驱动电动机有所发展。　　(　　)

2. 多选择题

(1) 生产作业管理部分的管理工作包括（　　　）及其他相关的管理。

A. 生产计划管理　　B. 生产调度管理　　C. 在制品管理　　D. 生产统计分析

（2）下列选项属于工业机器人程序示教方式的是（　　　）。

A. 示教再现方式　　B. 离线编程方式　　C. 虚拟现实方式　　D. 自动编程方式

（3）机器人的示教方式有（　　　）。

A. 直接示教　　　　B. 间接示教　　　　C. 远程示教　　　　D. 自定义编辑

（4）对机器人进行示教时，为了防止机器人的异常动作给操作人员造成危险，作业前必须进行的项目检查有（　　　）等。

A. 机器人外部电缆线外皮有无破损　　　　B. 机器人有无动作异常

C. 机器人制动装置是否有效　　　　　　　D. 机器人紧急停止装置是否有效

（5）机器人进行输送带上物料搬运动作时，需要考虑（　　　）。

A. 抓取动作轨迹　　B. 抓取控制信号　　C. 抓取动作延时　　D. 不同阶段抓取速度

（6）真空发生器的优点是（　　　）。

A. 高效　　　　　　B. 清洁　　　　　　C. 经济　　　　　　D. 小型

（7）关于机器人 I/O 通信的说法，正确的有（　　　）。

A. 机器人的输出是 PLC 的输入　　　　　B. PLC 的输出是机器人的输入

C. 机器人的输出是 PLC 的输出　　　　　D. PLC 的输入是机器人的输入

（8）示教是机器人的一种编程方法，在线示教一般包含的步骤有（　　　）。

A. 示教　　　　　　B. 简析　　　　　　C. 存储　　　　　　D. 再现

（9）TP 示教盒的作用包括（　　　）。

A. 点动机器人　　　B. 试运行程序　　　C. 离线编程　　　　D. 查阅机器人状态

（10）在伺服电动机的伺服控制器中，为了获得高性能的控制效果，一般具有（　　　）反馈回路。

A. 电压环　　　　　B. 电流环　　　　　C. 速度环　　　　　D. 位置环

（11）按机械结构划分，机器人可分为（　　　）。

A. 串联机器人　　　B. 关节机器人　　　C. 平面机器人　　　D. 并联机器人

（12）机器人的定位精度主要取决于（　　　）。

A. 位置反馈系统误差　　　　　　　　　　B. 控制算法误差

C. 机械误差　　　　　　　　　　　　　　D. 连杆机构的挠性变形

二、任务实施

1. 小组分工

小组信息	班　　级		日　　期	
	小组名称		组　　长	
	岗位分工			
	成　　员			

注意：小组成员共同讨论工作过程，查找并完成相应任务信息。

2. 任务引导

（1）已知控制安装夹具信号地址：8；控制吸盘信号地址：10；工件尺寸：长 50 mm、宽 25 mm、高 20 mm 长方体。如图所示，货物在同一点取料，要求按照 *Y-X-Z* 轴的次序码垛。请用 WHILE 语句完成任务的编程与调试。

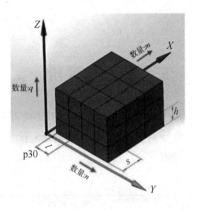

（2）已知控制安装夹具信号地址：8；控制吸盘信号地址：10；工件尺寸：长 50 mm、宽 25 mm、高 20 mm 长方体。如图所示，货物在 *A* 处双排水平依次摆放，机器人将货物逐个移动到 *B* 处，完成如图所示货物的拆垛与码垛过程。请用 WHILE 语句完成任务的编程与调试。

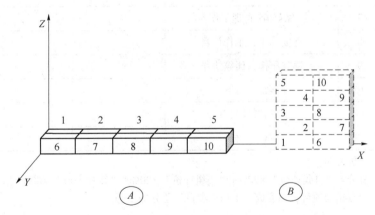

（3）中英翻译。

拆垛：   立体：

3. 成果分享

每个小组将任务实施结果上传至线上教学平台，由 1~2 个小组分别展示和讲解任务实施过程。

4. 问题反思

在工业机器人码垛编程时，FOR 与 WHILE 两种语句可以互换使用吗？需要注意哪些事项？

三、检查与评价

小组成员各自完成"自我评价"，组长完成"小组评价"，教师完成"教师评价"，整理电脑与实训设备，做好 6S 管理工作。

任务评价表

序号	检查项目	自我评价	小组评价	教师评价	分值分配
1	完成课前预习与任务练习				20
2	能完成 WHILE 指令的调用				10
3	能完成立体码垛的编程与调试				10
4	能完成拆垛与码垛编程				10
5	能完成拆垛与码垛调试				10
6	完成工作任务全部内容				20
7	做好 6S 管理工作				10
8	态度端正，工作认真				5
9	遵守纪律，团结协作				5
10	合　　计				100
11	拓展项目				
12	总　　分				

评价说明：

总分 = "自我评价"×20%+"小组评价"×20%+"教师评价"×60%+拓展项目。

如有拓展项目，每完成一个拓展项目，总分加 10 分。

四、总结与反思

（1）学到的新知识点有哪些？

（2）掌握的新技能点有哪些？

（3）对自己在本次任务中的表现是否满意？写出课后反思。

五、拓展任务

已知控制安装夹具信号地址：8；控制吸盘信号地址：10；工件尺寸：长 50 mm、宽 25 mm、高 20 mm 长方体。如图所示，货物在 A 处摆放，机器人将货物逐个移动到 B 处，完成如图所示货物的拆垛与码垛过程。请用 WHILE 语句完成任务的编程与调试。

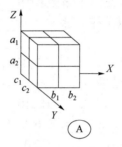

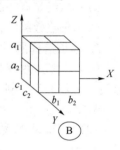

任务五　数组功能认知

【任务描述】

现有一组数据类型相同的变量，利用机器人相关功能实现将相同数据统一存储与命名。首先，区分一维、二维以及三维数组的不同；其次，学习变量型（VAR）和可变量型（PERS）数组的创建步骤，最终在工业机器人示教器中完成数组的创建。

一、课前准备

课前完成学习任务：从网络课堂接收任务，通过查询互联网、图书资料、分析有关信息，然后分组进行数组功能认知的学习。

1. 填空题

（1）数组是有序的元素序列，是用于储存多个_____数据的集合。

（2）创建数组时，其类型可以选择变量、_____、常量。

2. 单项选择题

（1）二维数组 VAR num reg1{3,4}:=[[1,2,3,4],[5,6,7,8],[9,10,11,12]]，其中，reg2:=reg1{3,2}，则 reg2 输出的结果为（　　）。

A. 3　　　　　　　B. 7　　　　　　　C. 10　　　　　　　D. 12

（2）已知 NUM 数据类型数组 arr{5}:=[5,6,0,2,3]，则 arr{2}的值为（　　）。

A. 5　　　　　　　B. 6　　　　　　　C. 0　　　　　　　D. 2

（3）工业机器人可以创建的数组的最大维数是（　　）。

A. 1 维　　　　　　B. 2 维　　　　　　C. 3 维　　　　　　D. 4 维

（4）数组的起始序号是（　　）。

A. 0　　　　　　　B. 1　　　　　　　C. 2　　　　　　　D. 3

（5）可以创建数组的数据类型是（　　）。

A. 只有 num　　　B. 只有 robotarget　　　C. 只有 string　　　D. 所有数据类型

二、任务实施

1. 小组分工

小组信息	班　　级			日　　期	
	小组名称			组　　长	
	岗位分工				
	成　　员				

注意：小组成员共同讨论工作过程，查找并完成相应任务信息。

2. 任务引导

（1）数组的定义是什么？

（2）ABB 工业机器人中可以定义几维数组？

（3）如果 VAR num Array2{4,4}:=[[1,2,3,4],[5,6,7,8],[9,10,11,12],[13,14,15,16]]；reg2:= Array2{3,4}；，则 reg2 输出的结果多少？

（4）如何利用数组功能实现数据型数组的创建？

（5）变量型（VAR）和可变量型（PERS）数组创建流程有什么区别？其在运行过程中有什么不同之处？

（6）中英翻译。

偏移：　　　　　　　　　　　抓取：

3. 成果分享

每个小组将任务实施结果上传至线上教学平台，由 1~2 个小组分别展示和讲解任务实施过程。

4. 问题反思

（1）ABB 工业机器人是否可以创建 4 维数组？为什么？

三、检查与评价

小组成员各自完成"自我评价"，组长完成"小组评价"，教师完成"教师评价"，整理电脑与实训设备，做好 6S 管理工作。

任务评价表

序号	检查项目	自我评价	小组评价	教师评价	分值分配
1	完成课前预习与任务练习				20
2	能正确说出数组的概念				10
3	能正确回答数组维数				10
4	能正确创建二维数组				10
5	能正确创建三维数组				10
6	完成工作任务全部内容				20
7	做好 6S 管理工作				10
8	态度端正，工作认真				5
9	遵守纪律，团结协作				5
10	合　计				100
11	拓展项目				
12	总　分				

评价说明：

总分="自我评价"×20%+"小组评价"×20%+"教师评价"×60%+拓展项目。

如有拓展项目，每完成一个拓展项目，总分加 10 分。

四、总结与反思

（1）学到的新知识点有哪些？

（2）掌握的新技能点有哪些？

（3）对自己在本次任务中的表现是否满意？写出课后反思。

五、拓展任务

（1）在已完成数组流程的创建基础上，如何修改数组的维数、储存类型？

（2）如何创建一个每个维数的大小依次为 4、5、6，储存类型为"可变量"的三维数组？

任务六　数组码垛示教编程

【任务描述】

现有相同大小的物料摆放在特定的不同位置，利用工业机器人数组功能实现物料码垛叠放在一起。首先，根据某一个物料空间位置，计算其余特定位置的物料空间位置；其次，利用数组功能记录物料空间位置，将其位置做归一处理；最后，通过编程实现6个物料按任务要求叠放在一起，完成数组码垛的编程与调试。

一、课前准备

课前完成学习任务：从网络课堂接收任务，通过查询互联网、图书资料、分析有关信息，然后分组进行数组码垛示教编程与调试的学习。

1. 填空题

（1）在建立数组的时候，一般将存储类型设置为_____，否则，数组关闭后会自动清零。

（2）创建工业机器人抓取物料数据的数组 reg7{6,3}，此数组中共有_____组数据，分别对应_____个不同的抓取位置，每组数据中的3个数值分别代表其相对第一个抓取物料在_____、_____、_____方向的偏移值。

2. 单项选择题

（1）通常对机器人进行示教编程时，要求最初程序点与最终程序点的位置（　　），可提高工作效率。

A. 相同　　　　　　　　　　　　B. 不同

C. 分离越大越好　　　　　　　　D. 分离越小越好

（2）在码垛位置，每组数据中的4个数值分别代表其相对第一个放置物料在 X、Y、Z 方向的偏移值和 Z 轴的旋转（　　）。

A. 弧度　　　　B. 角度　　　　C. 方向　　　　D. 偏移值

（3）（　　）指令用来等待数字量输入信号。

A. WaitDi　　　B. WaitDo　　　C. DiWait　　　D. WaitTime

（4）对机器人进行示教时，模式旋钮打到示教模式后，在此模式中，外部设备发出的自动启动信号（　　）。

A. 无效　　　　　　　　　　　　B. 有效

C. 超前有效　　　　　　　　　　D. 滞后有效

二、任务实施

1. 小组分工

小组信息	班　　级			日　　期	
	小组名称			组　　长	
	岗位分工				
	成　　员				

注意：小组成员共同讨论工作过程，查找并完成相应任务信息。

2. 任务引导

（1）物料实际放置位置与数组之间有什么内在关联？

（2）在码垛摆放时，如何根据第一个物料码垛位置，推算出其余物料实际位置？

（3）如何实现物料初始位置与码垛位置的数组创建？

（4）在数组码垛编程时，一定要用 WHILE 语句吗？还可以使用哪种判断语句？

（5）在 MoveL RelTool（P200，reg7｛reg1，1｝，reg7｛reg1，2｝，reg7｛reg1，3｝\Rz：= reg7｛reg1，4｝），v200，fine，tool0;指令中，其绕 Z 轴的旋转是参考哪个坐标系？

（6）货物在 A 处出料（共 3 个工件），机器人将货物经 C 处逐个移动到 B 处，完成按下图所示单层码垛。工件尺寸：长 50 mm、宽 25 mm、高 20 mm 长方体。
　①完成变量定义；
　②完成编程与调试。

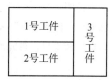

（7）中英翻译。

旋转角度：　　　　　　　　　　　　偏移值：

3. 成果分享

每个小组将任务实施结果上传至线上教学平台，由 1~2 个小组分别展示和讲解任务实施过程。

4. 问题反思

为实现有序码放，可能需要进行工件的旋转。此时参考的坐标系是哪个坐标系？

三、检查与评价

小组成员各自完成"自我评价"，组长完成"小组评价"，教师完成"教师评价"，整理电脑与实训设备，做好 6S 管理工作。

任务评价表

序号	检查项目	自我评价	小组评价	教师评价	分值分配
1	完成课前预习与任务练习				20
2	能正确计算物料位置				10
3	能正确创建物料数组				10
4	能正确完成数组码垛编程				10
5	调试过程符合安全规范				10
6	完成工作任务全部内容				20
7	做好 6S 管理工作				10
8	态度端正，工作认真				5
9	遵守纪律，团结协作				5
10	合　计				100
11	拓展项目				
12	总　分				

评价说明：

总分＝"自我评价"×20%＋"小组评价"×20%＋"教师评价"×60%＋拓展项目。

如有拓展项目，每完成一个拓展项目，总分加 10 分。

四、总结与反思

（1）学到的新知识点有哪些？

（2）掌握的新技能点有哪些？

（3）对自己在本次任务中的表现是否满意？写出课后反思。

五、拓展任务

货物在 A 处出料（共 12 个工件），机器人将货物经 C 处逐个移动到 B 处，完成按 4 层码垛，每层摆放位置如图所示。工件尺寸：长 50 mm、宽 25 mm、高 20 mm 长方体。

①完成变量定义；

②完成编程与调试。

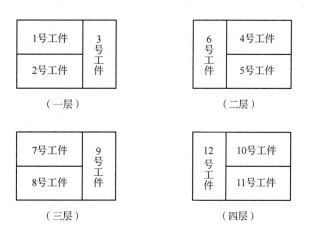

项目五

焊接工作站编程与操作

任务一　焊接工作站认知

【任务描述】

在学习焊接工作站之前，要求搜集焊接工作站的相关资料。通过现场实物的认知和教师的示范，为操作焊接工作站打下基础。根据任务卡知识完成焊接工作站基本组成与安全操作规程的讨论。

一、课前准备

课前完成学习任务：从网络课堂接收任务，通过查询互联网、图书资料，分析有关信息，了解焊接工作站的用途。

1. 填空题

（1）焊接工作站的焊接工业机器人型号是＿＿＿＿＿＿＿＿＿。

（2）IRB1410 工业机器人有＿＿＿＿＿＿＿自由度，载荷质量为＿＿＿＿＿＿＿＿kg，最大臂展半径为＿＿＿＿＿＿m。

2. 判断题

（1）机器人运行中发生任何意外时，立即按下急停按钮，使其停止运行。　　　（　　）

（2）调试人员进入机器人工作区域时，不需随身携带示教器。　　　（　　）

（3）在不移动机器人或不运行程序时，应及时释放其使能器按钮。　　　（　　）

（4）机器人设备发生火灾时，应使用水及时灭火。　　　（　　）

（5）焊接工作时，避免焊接烟尘或气体危害，应按规定使用保护用具。　　　（　　）

（6）佩戴保护眼镜，避免焊接弧光和飞溅的焊渣对眼部和皮肤造成伤害。　　　（　　）

（7）焊接保护气气瓶应置于固定架上，并放在炎热环境中。　　　（　　）

（8）焊接系统开启后，请勿触摸任何带电部位，避免引起灼伤。　　　（　　）

二、任务实施

1. 小组分工

小组信息	班　　级			日　　期	
	小组名称			组　　长	
	岗位分工				
	成　　员				

注意：小组成员共同讨论工作过程，查找并完成相应任务信息。

2. 任务引导

（1）通过现场实物的认知，分析焊接工作站的各部分组成和作用。

（2）通过现场实物的认知，列出焊接工作站各组成的型号规格及技术参数。

（3）焊接工作站安全操作规范有哪些？

（4）焊接工作站操作注意事项有哪些？

（5）本书所述工作站采用的气体保护气是哪种？

（6）中英翻译。

焊枪：　　　　　　　　　　　　　　焊接机器人：

3. 成果分享

每个小组将任务实施结果上传至线上教学平台，由 1~2 个小组分别展示和讲解任务实施过程。

4. 问题反思

为什么焊接工作站的机器人所用焊枪需要新建工具坐标系？

三、检查与评价

小组成员各自完成"自我评价"，组长完成"小组评价"，教师完成"教师评价"，整理电脑与实训设备，做好 6S 管理工作。

任务评价表

序号	检查项目	自我评价	小组评价	教师评价	分值分配
1	完成课前预习与任务练习				20
2	能说出焊接机器人应用领域				10
3	能正确列举焊接工作组成				10
4	能说出焊接工作站安全规程				10
5	能独立完成焊接工作站基本操作				10
6	完成工作任务全部内容				20
7	做好 6S 管理工作				10
8	态度端正，工作认真				5
9	遵守纪律，团结协作				5
10	合　　计				100
11	拓展项目				
12	总　　分				

评价说明：

总分 = "自我评价" ×20%+ "小组评价" ×20%+ "教师评价" ×60%+拓展项目。

如有拓展项目，每完成一个拓展项目，总分加 10 分。

四、总结与反思

（1）学到的新知识点有哪些？

（2）掌握的新技能点有哪些？

（3）对自己在本次任务中的表现是否满意？写出课后反思。

五、拓展任务

焊接机器人的应用领域有哪些？

任务二　焊接工作站参数配置

【任务描述】

现有一套焊接工作站需要完成长度为 20 cm 的"鱼鳞"焊缝焊接，要求利用现有设备实现焊接工作站的参数配置。通过教师讲授和现场演示，分组进行焊接参数配置的训练，完成焊接工作站的相关参数配置和焊接机器人的工具坐标系设定。

一、课前准备

课前完成学习任务：从网络课堂接收任务，通过查询互联网、图书资料，分析有关信息，了解焊接参数的功能和意义，初步掌握焊接参数配置的操作流程和焊接工具坐标系设定方法和步骤。

1. 填空题

（1）ABB 焊接工业机器人的焊接参数有＿＿＿＿＿＿＿＿＿＿＿＿、＿＿＿＿＿＿＿＿＿＿＿＿和＿＿＿＿＿＿＿＿＿＿＿＿。

（2）seam 弧焊参数中，purge_time 用来定义＿＿＿＿＿＿＿＿；weld 焊接参数中，weld_speed 用来定义＿＿＿＿＿＿＿＿；weave 摆动参数中，weave_shape 用来定义＿＿＿＿＿＿＿＿。

2. 单项选择题

（1）下面不属于 ABB 焊接工业机器人的焊接参数是（　　　）。

A. seam　　　　　　B. weld　　　　　　C. weave　　　　　　D. robot

（2）weld 焊接参数中，设定主焊接送丝速度的参数是（　　　）。

A. voltage　　　　　B. wirefeed　　　　C. weld_speed　　　D. org_weld_speed

（3）seam 焊接参数中，设定刮擦起弧次数的参数是（　　　）。

A. voltage　　　　　B. wirefeed　　　　C. purge_time　　　D. scrape_start

（4）seam 焊接参数中，设定填弧坑时间的参数是（　　　）。

A. purge_time　　　B. preflow_time　　C. cool_time　　　D. fill_time

（5）weave 焊接参数中，设定空间三角形摆动的参数值是（　　　）。

A. 0　　　　　　　　B. 1　　　　　　　　C. 2　　　　　　　　D. 3

（6）使用焊枪示教前，检查焊枪的均压装置是否良好，动作是否正常，同时对电极头的要求是（　　　）。

A. 更换新的电极头　　　　　　　　B. 使用磨耗大的电极头

C. 新的或旧的都行　　　　　　　　D. 型号可以不相同的电极头

（7）氩弧焊是利用惰性气体（　　　）的一种电弧焊接方法。

A. 氧　　　　　　　B. 氢　　　　　　　C. 氩　　　　　　　D. 氖

二、任务实施

1. 小组分工

小组信息	班 级			日 期	
	小组名称			组 长	
	岗位分工				
	成 员				

注意：小组成员共同讨论工作过程，查找并完成相应任务信息。

2. 任务引导

（1）通过不同焊接参数实际焊接焊缝认知和对比，理解焊接参数对焊接影响。

（2）弧焊指令包括哪三个焊接参数？

（3）焊接参数 weld 配置的操作流程是什么？如何设置"空间三角形摆动"？

（4）焊接参数对焊接的影响因素有哪些？

（5）简述新建焊枪工具坐标系设定的方法和步骤。

（6）中英翻译。

弧焊：　　　　　　　　　摆焊：

3. 成果分享

每个小组将任务实施结果上传至线上教学平台，由 1~2 个小组分别展示和讲解任务实施过程。

4. 问题反思

焊缝的质量是否仅与焊丝有关系？还与哪些因素有关系呢？

三、检查与评价

小组成员各自完成"自我评价"，组长完成"小组评价"，教师完成"教师评价"，整理电脑与实训设备，做好 6S 管理工作。

任务评价表

序号	检查项目	自我评价	小组评价	教师评价	分值分配
1	完成课前预习与任务练习				20
2	能正确说出焊接参数的种类				10
3	能列举焊接参数的功能和意义				10
4	能独立完成焊接参数的配置				10
5	能完成焊接工具坐标系的设定				10
6	完成工作任务全部内容				20
7	做好 6S 管理工作				10
8	态度端正，工作认真				5
9	遵守纪律，团结协作				5
10	合　计				100
11	拓展项目				
12	总　分				

评价说明：

总分＝"自我评价"×20%＋"小组评价"×20%＋"教师评价"×60%＋拓展项目。

如有拓展项目，每完成一个拓展项目，总分加 10 分。

四、总结与反思

（1）学到的新知识点有哪些？

（2）掌握的新技能点有哪些？

（3）对自己在本次任务中的表现是否满意？写出课后反思。

五、拓展任务

（1）焊接电压与电流对焊缝的质量分别有哪些影响？

（2）在焊接前，重新设定焊接工具坐标系的目的是什么？

任务三 焊接工作站示教编程

【任务描述】

在完成"鱼鳞"焊缝参数配置的基础上，实现直径为 20 cm 的圆形轨迹"鱼鳞"焊接编程与调试。通过教师讲授和现场实操讲解，学生分组进行编程与调试训练，完成 20 cm 的圆形轨迹"鱼鳞"，最终实现焊接工作站的编程与调试。

一、课前准备

课前完成学习任务：从网络课堂接收任务，通过查询互联网、图书资料，分析有关信息，了解焊接指令的功能和意义，初步掌握焊接工作站的编程与调试。

1. 填空题

（1）ArcL 直接焊接指包括 3 个选项：_____、_____、_____。

（2）ArcC 圆弧焊接指包括 3 个选项：_____、_____、_____。

（3）任何焊接程序都必须以_____或者_____开始，一般以_____开始。

（4）任何焊接程序都必须以_____或者_____结束。

（5）焊接中间点指令使用_____或者_____。

2. 单项选择题

（1）下面不属于直线焊接指令的是（   ）。

A. ArcLStart   B. ArcL   C. ArcLEnd   D. ArcCEnd

（2）下面不属于圆弧焊接指令的是（   ）。

A. ArcCStart   B. ArcC   C. ArcLEnd   D. ArcCEnd

（3）焊接程序一般以（   ）指令作为焊接的开始。

A. ArcLStart   B. ArcL   C. ArcLEnd   D. ArcCEnd

（4）焊接示教时，应在 RobotWare Arc 功能菜单界面选择（   ）。

A. 焊接启动   B. 焊接锁定   C. 都可以   D. 不需要设置

（5）要实现手动送丝功能，应在 RobotWare Arc 功能菜单界面选择（   ）。

A. 调节   B. 锁定   C. 手动功能   D. 设置

（6）使用焊枪示教前，检查焊枪的均压装置是否良好，动作是否正常，同时对电极头的要求是（   ）。

A. 更换新的电极头   B. 使用磨耗量大的电极头

C. 新的或旧的都行   D. 电极头无影响

（7）在一般焊接应用中，机器人常使用（   ）类型的标准 I/O 板卡。

A. DSQC651   B. DSQC652   C. DSQC653   D. DSQC654

（8）下列设备中，不属于焊接机器人系统的是（　　　）。

A. 机器人本体　　　　B. 焊枪　　　　　　　C. 焊接电源　　　　　D. 夹爪工具

（9）在机器人弧焊中，控制焊接电流或送丝速度的信号类型为（　　　）。

A. DO　　　　　　　　B. AO　　　　　　　　C. AI　　　　　　　　D. DI

（10）在机器人弧焊中，起弧和送气控制的机器人信号类型为（　　　）。

A. DO　　　　　　　　B. AO　　　　　　　　C. AI　　　　　　　　D. DI

二、任务实施

1. 小组分工

小组信息	班　级			日　期	
	小组名称			组　长	
	岗位分工				
	成　员				

注意：小组成员共同讨论工作过程，查找并完成相应任务信息。

2. 任务引导

（1）焊接指令有哪些？各实现什么功能？

（2）焊接指令的使用原则有哪些？

（3）ArcL P100,v200,seam2,weld2\weave：=weave2,fine,tool0;焊接指令中的速度是哪一点的什么速度？哪个参数的设置可以控制摆弧？

（4）CO_2 保护焊的工艺特点有哪些？

（5）在工具坐标系 Tool1 中完成如下图所示的焊接路径，要求从 p10 点开始焊接，空走速度为 150，其余焊接参数为默认值，完成焊接程序的编程与调试。

p10

（6）中英翻译。

起弧：　　　　　　　　　　　　　收弧：

3. 成果分享

每个小组将任务实施结果上传至线上教学平台，由 1~2 个小组分别展示和讲解任务实施过程。

4. 问题反思

（1）为什么焊接过程中会出现"焊穿"情况？

（2）为什么焊接过程中会出现"焊瘤"情况？

三、检查与评价

小组成员各自完成"自我评价"，组长完成"小组评价"，教师完成"教师评价"，整理电脑与实训设备，做好 6S 管理工作。

任务评价表

序号	检查项目	自我评价	小组评价	教师评价	分值分配
1	完成课前预习与任务练习				20
2	能列举焊接指令的功能和意义				10
3	能回答焊接指令的使用原则				10
4	能熟练使用焊接指令进行应用编程				10
5	能完成焊接直线和圆弧轨迹的示教				10
6	完成工作任务全部内容				20
7	做好 6S 管理工作				10
8	态度端正，工作认真				5
9	遵守纪律，团结协作				5
10	合　计				100
11	拓展项目				
12	总　分				

评价说明：

总分＝"自我评价"×20%＋"小组评价"×20%＋"教师评价"×60%＋拓展项目。

如有拓展项目，每完成一个拓展项目，总分加 10 分。

四、总结与反思

（1）学到的新知识点有哪些？

（2）掌握的新技能点有哪些？

（3）对自己在本次任务中的表现是否满意？写出课后反思。

五、拓展任务

在工具坐标系 Tool1 中完成如下图所示的焊接路径，要求从 p10 点开始焊接，空走速度为 200，焊缝形状为"鱼鳞"。

①完成焊接参数的设置；

②完成程序的编程与调试。

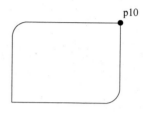

项目六

视觉检测工作站编程与操作

任务一　视觉检测工作站认知

【任务描述】

现有一套视觉检测工作站，需要实现对其进行基本操作。要求搜集视觉检测的相关资料，分组讨论机器视觉分类与视觉工作原理；通过现场实物的认知和教师示范，掌握视觉检测工作站基本组成、视觉基本操作方法和步骤，完成对现场设备的基本操作。

一、课前准备

课前完成学习任务：从网络课堂接收任务，通过查询互联网、图书资料，分析有关信息，了解机器视觉概述和工作原理。

1. 填空题

（1）机器视觉一般组成有_____、_____、_____、网络通信模块和外部辅助设备等。

（2）从视觉系统的运行环境分类，可分为_____系统和_____系统。

（3）相机镜头主要参数有景深、_____、_____、_____、相对孔径、_____和明亮度等。

（4）视觉相机根据采集图片的芯片可以分成两种，分别为_____和_____。

（5）视觉系统按运行环境分类，可分为_____系统和_____系统。

（6）视觉检测系统硬件主要由视觉控制器、_____、_____、连接电缆以及外部辅助设备（如光源）组成。

2. 单项选择题

（1）下面不属于机器视觉一般应用领域的是（　　）。

A. 尺寸测量　　　　B. 人脸识别　　　　C. 二维码识别　　　　D. 颜色识别

（2）下面不属于机器视觉涉及的学科是（　　　）。

A. 图像处理　　　　　B. 人工智能　　　　　C. 自动控制　　　　　D. 统计学

（3）下面不属于机器视觉的一般组成的是（　　　）。

A. 图像采集单元　　　B. 图像处理单元　　　C. 网络通信模块　　　D. Windows 操作系统

（4）下面不属于相机镜头作用的是（　　　）。

A. 实现成像　　　　　B. 调节视野　　　　　C. 改变焦距　　　　　D. 改变光圈

（5）视觉相机的主要作用是（　　　）。

A. 视觉成像　　　　　B. 图像处理　　　　　C. 网络通信　　　　　D. 改变焦距

（6）视觉检测系统的光源按照明方式分类，可分为（　　　）和（　　　）。

A. 自然光源　　　　　B. 正面照明　　　　　C. 背面照明　　　　　D. 人造光源

（7）下面不属于欧姆龙 FH-L550 控制器通信方式的是（　　　）。

A. PLC LINK 通信　　B. 并行通信　　　　　C. EtherNET 通信　　　D. Profibus 通信

（8）机器视觉系统不能进行物体（　　　）的判断。

A. 材质　　　　　　　B. 尺寸　　　　　　　C. 形状　　　　　　　D. 颜色

（9）机器视觉系统不能对图像进行（　　　）。

A. 获取　　　　　　　B. 处理和分析　　　　C. 输出或显示　　　　D. 绘制

（10）工业相机能识别的图像上的最小单元是（　　　）。

A. 分辨率　　　　　　B. 精度　　　　　　　C. 像素　　　　　　　D. 视野

（11）相机镜头到被检测物体之间的距离是（　　　）。

A. 物距　　　　　　　B. 焦距　　　　　　　C. 景深　　　　　　　D. 视野

二、任务实施

1. 小组分工

小组信息	班　　级		日　　期	
	小组名称		组　　长	
	岗位分工			
	成　　员			

注意：小组成员共同讨论工作过程，查找并完成相应任务信息。

2. 任务引导

（1）机器视觉的工作原理是什么？

（2）视觉检测工作站的硬件组成包含哪些？

（3）相机镜头主要参数有哪些？

（4）中英翻译。

机器视觉：   视觉检测：

3. 成果分享

每个小组将任务实施结果上传至线上教学平台，由 1~2 个小组分别展示和讲解任务实施过程。

4. 问题反思

（1）为什么在视觉系统中需要额外加入光源？

（2）视觉系统中的光源一定是越亮越好吗？

三、检查与评价

小组成员各自完成"自我评价"，组长完成"小组评价"，教师完成"教师评价"，整理电脑与实训设备，做好 6S 管理工作。

任务评价表

序号	检查项目	自我评价	小组评价	教师评价	分值分配
1	完成课前预习与任务练习				20
2	能正确回答视觉原理与组成				10
3	能正确回答工作站硬件组成				10
4	能完成视觉硬件的安装				10
5	能独立完成系统操作				10
6	完成工作任务全部内容				20
7	做好 6S 管理工作				10
8	态度端正，工作认真				5
9	遵守纪律，团结协作				5
10	合　计				100
11	拓展项目				
12	总　分				

评价说明：

总分＝"自我评价"×20%＋"小组评价"×20%＋"教师评价"×60%＋拓展项目。

如有拓展项目，每完成一个拓展项目，总分加 10 分。

四、总结与反思

（1）学到的新知识点有哪些？

（2）掌握的新技能点有哪些？

（3）对自己在本次任务中的表现是否满意？写出课后反思。

任务二　视觉系统软件配置

【任务描述】

现有一套视觉系统软件，需要完成通信配置与成像调节。通过现场实物的认知和教师示范，分组进行软件基本操作练习，独立完成系统的通信设置与检测成像调节。

一、课前准备

课前完成学习任务：从网络课堂接收任务，通过查询互联网、图书资料，分析有关信息，然后分组进行视觉检测系统软件的主要功能和软件界面的学习。

1. 填空题

（1）视觉系统软件基本设置有场景组及场景编辑、＿＿＿＿＿＿、＿＿＿＿＿＿、＿＿＿＿＿＿四步。

（2）一个场景组中最多可以创建＿＿＿＿＿个不同的场景，一个视觉系统中最多可以设置＿＿＿＿＿个场景组。

（3）平台检测单元采用＿＿＿＿＿方式，通过以太网在视觉控制器和机器人之间进行通信。

2. 单项选择题

（1）新建流程应该在控制系统图形软件界面的（　　　）。

A. 判定显示窗口　　　　　　　　　　B. 图像窗口

C. 工具窗口　　　　　　　　　　　　D. 流程显示窗口

（2）查看流程应该在控制系统图形软件界面的（　　　）。

A. 判定显示窗口　　　　　　　　　　B. 图像窗口

C. 工具窗口　　　　　　　　　　　　D. 流程显示窗口

（3）查看综合检测结果应该在控制系统图形软件界面的（　　　）。

A. 判定显示窗口　　　　　　　　　　B. 图像窗口

C. 工具窗口　　　　　　　　　　　　D. 流程显示窗口

（4）场景组及场景编辑应该在控制系统图形软件界面的（　　　）。

A. 判定显示窗口　　　　　　　　　　B. 图像窗口

C. 工具窗口　　　　　　　　　　　　D. 流程显示窗口

（5）在控制系统软件界面的（　　　）窗口中查找"0. 图像输入 FH"流程。

A. 判定显示窗口　　　　　　　　　　B. 图像窗口

C. 工具窗口　　　　　　　　　　　　D. 流程显示窗口

（6）若机器人需要与第三方视觉进行通信，则需要配置（　　　）。

A. FTP/NFS Client　　　　　　　　　B. PC Interface

C. FlexPendant Interface　　　　　　D. RS485

二、任务实施

1. 小组分工

小组信息	班　　级			日　　期	
	小组名称			组　　长	
	岗位分工				
	成　　员				

注意：小组成员共同讨论工作过程，查找并完成相应任务信息。

2. 任务引导

（1）视觉系统软件的界面和各窗口的功能作用有哪些？

（2）如何对场景组或场景进行名称的修改和复制？

（3）如何完成视觉软件通信的设置？

（4）设置视觉软件 IP 和机器人 IP 有哪些注意事项？

（5）通过调节哪些参数可以使成像的轮廓更加清晰，显示更加明亮？

（6）中英翻译。

流程： 窗口： 场景：

3. 成果分享

每个小组将任务实施结果上传至线上教学平台，由 1~2 个小组分别展示和讲解任务实施过程。

4. 问题反思

在视觉软件中，"以太网（无协议（TCP））"选项中的"输入端口号"是否可以随意设置？

三、检查与评价

小组成员各自完成"自我评价"，组长完成"小组评价"，教师完成"教师评价"，整理电脑与实训设备，做好 6S 管理工作。

任务评价表

序号	检查项目	自我评价	小组评价	教师评价	分值分配
1	完成课前预习与任务练习				20
2	视觉系统软件界面各窗口作用				10
3	能操作软件进行基本设置				10
4	能完成视觉与机器人端的 IP 设置				10
5	能完成检测成像调节操作				10
6	完成工作任务全部内容				20
7	做好 6S 管理工作				10
8	态度端正，工作认真				5
9	遵守纪律，团结协作				5
10	合　　计				100
11	拓展项目				
12	总　　分				

评价说明：

总分 = "自我评价"×20%+ "小组评价"×20%+ "教师评价"×60%+拓展项目。

如有拓展项目，每完成一个拓展项目，总分加 10 分。

四、总结与反思

（1）学到的新知识点有哪些？

（2）掌握的新技能点有哪些？

（3）对自己在本次任务中的表现是否满意？写出课后反思。

任务三　视觉检测实例应用

◎【任务描述】

掌握工件的标签颜色、二维码、角度等流程的编辑，能够实现视觉检测与结果回传。

◎【任务实施】

一、课前准备

课前完成学习任务：从网络课堂接收任务，通过查询互联网、图书资料，分析有关信息，然后分组进行视觉检测实际工作任务的方法和步骤的学习。

1. 填空题

（1）套接字之间的连接过程可以分为三个步骤：服务器监听、_____、_____。

（2）欧姆龙视觉系统用于检测形状的流程有_____、_____、_____等。

（3）进行 Rapid 编程时，可以利用_____函数进行变量的数据类型转换。

2. 单项选择题

（1）欧姆龙视觉系统不能用于检测形状的流程是（　　）。

A. 形状搜索Ⅰ　　　　B. 形状搜索Ⅱ　　　　C. 形状搜索Ⅲ　　　　D. 标签

（2）欧姆龙视觉系统用于标签的流程是（　　）。

A. 形状搜索Ⅰ　　　　B. 形状搜索Ⅱ　　　　C. 形状搜索Ⅲ　　　　D. 标签

（3）欧姆龙视觉系统用于检测二维码的流程是（　　）。

A. 标签　　　　　　　B. 二维码　　　　　　C. 形状搜索Ⅲ　　　　D. 颜色

（4）欧姆龙视觉系统用于串行数据输出的流程是（　　）。

A. 标签　　　　　　　B. 二维码　　　　　　C. 串行数据输出　　　D. 颜色

（5）视觉检测设置时，第一步应该是（　　）。

A. 场景组及场景编辑　　　　　　　　　B. 相机参数设置

C. 通信设置　　　　　　　　　　　　　D. 新建流程

（6）使用人机交互指令（　　），可在示教盒屏上显示指定内容。

A. TPReadFK　　　B. ErrWrite　　　C. TPWrite　　　D. TPErase

（7）用于接收输入连接请求的指令是（　　）。

A. SocketBind　　　　　　　　　　　B. SocketConnect

C. SocketAccept　　　　　　　　　　D. SocketCreat

二、任务实施

1. 小组分工

小组信息	班　　级			日　　期	
	小组名称			组　　长	
	岗位分工				
	成　　员				

注意：小组成员共同讨论工作过程，查找并完成相应任务信息。

2. 任务引导

（1）编辑检测标签流程包含哪些步骤？

（2）如何完成"绿""黄"标签颜色的流程编辑与检测，使检测到"黄"色的时候显示"OK"？

（3）编辑检测角度流程包含哪些步骤？

（4）哪个指令用于将套接字与远程计算机进行连接？

（5）哪个函数可以实现截取字符串中特定字符作为视觉最终的检测结果？

（6）中英翻译。

标签：　　　　　　　　　　　　　　　二维码：

3. 成果分享

每个小组将任务实施结果上传至线上教学平台，由 1~2 个小组分别展示和讲解任务实施过程。

4. 问题反思

（1）SocketSendSocket\Str：=SG 10；这段实例格式是否正确？

（2）在编辑二维码的流程时，为什么要在"区域设定"界面中给选择的合适测量区域留有一定余量？

三、检查与评价

小组成员各自完成"自我评价"，组长完成"小组评价"，教师完成"教师评价"，整理电脑与实训设备，做好 6S 管理工作。

任务评价表

序号	检查项目	自我评价	小组评价	教师评价	分值分配
1	完成课前预习与任务练习				20
2	能编辑视觉检测标签流程				10
3	能编辑视觉检测二维码流程				10
4	能编辑视觉检测角度流程				10
5	能实现检测结果的回传				10
6	完成工作任务全部内容				20
7	做好 6S 管理工作				10
8	态度端正，工作认真				5
9	遵守纪律，团结协作				5
10	合　计				100
11	拓展项目				
12	总　分				

评价说明：

总分="自我评价"×20%+"小组评价"×20%+"教师评价"×60%+拓展项目。

如有拓展项目，每完成一个拓展项目，总分加 10 分。

四、总结与反思

（1）学到的新知识点有哪些？

（2）掌握的新技能点有哪些？

（3）对自己在本次任务中的表现是否满意？写出课后反思。

五、拓展任务

如何完成"红""绿""黄"三种标签颜色的流程编辑与检测？

参 考 文 献

[1] 叶辉 . 工业机器人典型应用案例精析 [M]. 北京：机械工业出版社，2013.

[2] 权宁，纪海宾，詹国兵 . 工业机器人基础操作与编程（ABB）[M]. 北京：机械工业出版社，2020.

[3] 陈小艳，郭炳宇，林燕文 . 工业机器人现场编程（ABB）[M]. 北京：高等教育出版社，2018.

[4] 魏志丽，林燕文 . 工业机器人应用基础（基于 ABB 机器人）[M]. 北京：北京航空航天大学出版社，2016.

[5] 张春芝，钟柱培，许妍妩 . 工业机器人操作与编程 [M]. 北京：高等教育出版社，2018.

[6] 邱葭菲，许妍妩，庞浩 . 工业机器人焊接技术及行业应用 [M]. 北京：高等教育出版社，2018.